U-space Concept of Operation and Urban Air Mobility

무인기 공역 운영개념과 도심항공교통

루다시스 미래항공교통 총서 ❷

U-space Concept of Operation and Urban Air Mobility

무인기 공역 운영개념과 도심항공교통

유광의 편역

(주)백산출판사

머리말

전통적인 항공운항 활동에서는 사용하지 않던 저고도 공역이 무인항공기 체계(UAS: Unmanned Aircraft System, 또는 Drone)에 의해 활발하게 사용될 것으로 인식되면서 유럽을 중심으로 무인기가 운항하는 저고도 공역을 "U-space"라고 부르게 되었다. 그런데 U-space에서 실현될 운항활동 중에 도심항공교통(UAM: Urban Air Mobility) 부문의 여객운송 비행은 미국 등 많은 국가에서 조종사가 탑승하는 유인 항공기 형태로 초기 운항을 시작할 계획을 세우게 되었고, 무인기 공역인 U-space에 UAM 목적의 일부 운항은 무인기나 드론이라고 볼 수 없는 유인 운항을 포함할 수밖에 없는 모순이 발생하게 되었다. 이로 인해, EU의 항공 당국은 2019년 발표한 U-space 운영개념(ConOps: concept of operations) 문건을 2023년에 개정하여 UAM 유인 운항을 포함하는 개념으로 발전시켰다. 이 책의 제1부는 유럽의 EUROCONTROL에서 2023년에 발간한 가장 최신 무인기 공역 운영 개념서인, "U-SPACE CONOPS AND ARCHITECTURE(EDITION 4)"를 번역, 편집하여 소개한 것이다.

제2부는 도심항공교통(UAM)의 운영개념을 소개한 것으로, 2부의 1장에서는 본 편역자가 여러 참고문헌을 통하여 인식한 UAM 도입 배경, 공급 생태계, 예상되는 수요 시장 등을 소개하는 데 할애했고, 2장에서는 미국 연방항공청(FAA)에서 2023년에 발간한, "Urban Air Mobility

(UAM) Concept of Operations"을 번역, 편집하여 소개했다.

3부는 UAM 운항의 기반이 되는 이착륙시설(버티포트)과 운항 항로 설계 개념을 소개했다. 3부의 1장은 호주에서 발간한 버티포트 디자인 지침서[1]를 번역, 편집하여 소개하였고, 2장은 수직 이착륙기 제조사인 미국의 Wisk Aero와 버티포트 개발 전문업체인 영국의 Skyports Infrastructure가 공동 발간한 자율 운항 UAM 항공기 운항을 위한 버티포트 운영 개념서[2]를 번역, 편집하여 소개했다. 끝으로, 3장은 미국의 저명한 항공대학교인 Embry-Riddle Aeronautical University에서 발간한 UAM 항공기가 운항할 항로 설계 개념을 문헌조사 중심으로 소개하는 논문[3]을 번역, 편집한 것이다.

아직 구체적 모습을 드러내지 못하고 있으나 가까운 장래에 매우 유용한 운항 활동을 할 것으로 예상되는 소형 수직 이착륙기와 저고도 공역의 운영개념을 소개하게 되어 자부심을 갖는다. 물론, 식견이 부족하여 스스로 저작하지 못하고 선진국 문건을 소개하는 데 그치게 되어 부끄럽기도 하지만, 교육 현장이나 실무에서 이 책이 효과적으로 쓰이게 되기를 기대한다.

2025년

편역자 유광의

---

1) Guidance for vertiport design, ADVISORY CIRCULAR, AC 139.V-01 v1.0, Australia, 2023

2) Concept of Operations: Autonomous UAM Aircraft Operations and Vertiport Integration, Skyport and Wisk, 2022

3) Literature Review and Conceptual Design of UAM Corridor Virtual Lane System using "Tracks", Immanuel Bankole, Embry-Riddle Aeronautical University, 2023

차례

PART 1
무인기 공역

PART 2
도심항공교통

PART 3
U-space 기반시설과
UAM 운항

PART 1

무인기 공역 (U-space)

▼
▼
▼

EU의 EUROCONTROL을 리더로 하는 컨소시엄은 무인기(UAS) 운용을 위한 공역 운영 개념을 개발해오고 있었는데, 최근에 CORUS-XUAM이라는 프로젝트를 수행하여 UAM을 포괄할 수 있는 무인기 운용 공역 운영개념으로 갱신한 Version 4를 2023년 4월에 발간하였다. 따라서, Version 4는 무인기 공역에 초기 UAM 운영에 도입되는 유인기 운용도 고려한 것이다.

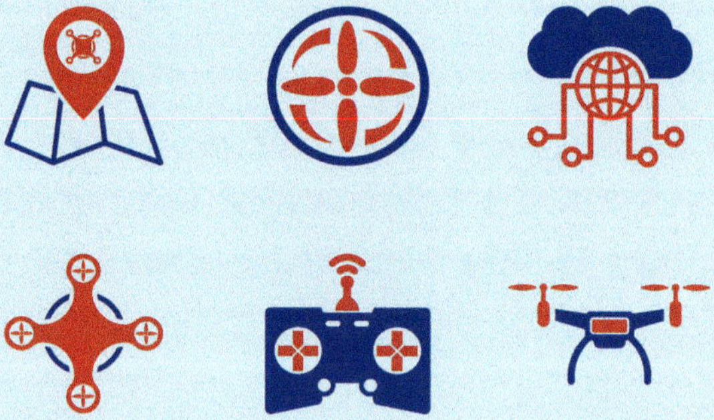

무인기 공역(U-space) 운영개념과 도심항공교통

CHAPTER

1

서론

1 서론 : 무인기 공역[4] 개념의 도입과 발전

1 무인기 공역 운영개념

무인기 공역 운영개념(U-space Concept of Operation)은 새로 도입될 무인기 공역 운용의 참여자 및 이용자들의 관점을 고려하여 새로운 개념의 공역 시스템의 특성을 기술한 것이다. 즉, 이 공역이 어떻게 운영될 것인지를 참여자 및 이용자들에게 설명하는 것을 목적으로 한다. 또한, 승객을 운송하는 UAM[5]도 이 공역에서 수용해야 하는데, 승객 운송용 UAM은 사람이 탑승하기 때문에 다른 무인기보다 공중 및 지상 안전 요건이 훨씬 강화되어야 할 것이며, 초기에는 조종사도 탑승하는 유인 항공기로 운영될 것이지만, 조종사 탑승 운항은 일시적인 전환 상황으로 간주하고 궁극적으로는 자동화된 원격 조종 항공기 형태를 가정하여 공역 운영개념을 설정한다.

UAM은 유인 운항을 하더라도 기존의 IFR이나 VFR 규칙을 따를 수 없고, 저고도 도심 공역을 운항하므로 유사시 비상착륙이 매우 어려울 것으로 가정하여 운항 계획을 수립해야 한다. 마찬가지로 승객이 탑승하는 UAM도 U-space에서 운항하므로, 일반 무인기와 똑같은 환경하에서 운영되어야 한다. 그러나 승

4) U-space ConOps and Architecture(edition 4), EUROCONTROL, 2023

5) UAM(Urban Air Mobility : 도심항공교통)은 도시 지역에서 저고도로 수직 이착륙기를 이용하여 수행하는 운송용 항공활동을 의미한다.

객을 운송하는 운항은 위험 수준이 높으므로, 운영자가 승인을 받을 때는 화물 운송이나 일반 목적 무인기 운영자와는 차별되는 승인 제도가 적용되어야 할 것이다.

승객 운송용 UAM 운항은 초기에는 조종사가 탑승하는 유인 항공 운항을 적용할 것이라는 국가가 많은데, 시간의 흐름에 따라 자동화가 심화되어, 유인 운항이 줄어들 것으로 예측되고 있다. 또한, 유인 운항은 조종사 인건비 때문에 비용이 많이 소요되어 시장성이 제한적일 것으로 평가되는데, 무인화가 실현되면, 인건비가 절감되고 기술 발전으로 장비 비용도 저렴해져서, 전반적 운영비가 지속적으로 감소할 것이므로, UAM의 장기적 미래 시장의 성장은 거의 확실하다.

2 무인기 공역(U-space)의 발전단계

무인기 공역은 무인기 운영 수요의 증대에 따라 고밀도 교통 수요를 수용할 수 있도록 정교하게 운영되도록 발전해야 할 것이다. 동일한 공역에 복수의 교통관리 서비스 제공자가 협조적으로 무인기 운항 안전확보 업무를 지원하는 환경이 되면서, 무인기 공역 서비스 제공자(USP: UAS Service Provider[6]))들은 매우 경쟁적인 상황에서 비즈니스를 하게 될 것이다. 다음 그림은 무인기 공역의 발전단계를 보여주고 있다.

[6] USP : 무인기 운영자들에게 UTM서비스를 제공하여 무인기 공역에서 안전하고 효율적인 운항을 할 수 있도록 지원해 주는 기관(출처: ICAO, Unmanned Aircraft Traffic Management(UTM) - A Common Frame Work with Core Principles for Global Harmonization, Edition 3)

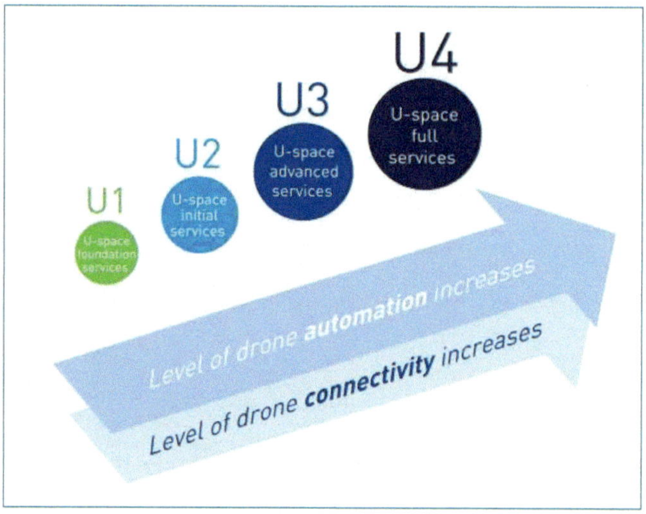

무인기 공역 발전 단계

상기 그림의 각 발전 단계별 무인기 공역 서비스 특성은 다음과 같다.

(1) U-space Foundation Service 단계(2023년 이전)

각 국가들은 자국의 규정에 따라 무인기 등록과 비행 지역 지정 운영 등을 수행한다. 무인기들은 공역의 안전관리 서비스가 없는 상태에서 지정된 공역에서 비행을 수행하며, 항공안전당국의 비행 승인은 자동화가 되지 않아서 수작업(manual)으로 이루어진다. 기존의 항공교통관제(ATC) 기관의 간여하에 VLOS 중심으로 비행이 이루어지고, BVLOS는 매우 제한적으로 이행된다.

(2) U-space Initial Service 단계(2023-2030)

국가들은 무인기 공역 안전관리 서비스 제공과 관련된 규제체제를 도입하고 무인기들이 제한적으로 서비스를 제공받으며 운항한다. 무인기 공역 안전관리 서비스 제공업체(USSP: U-space Service Provider[7])가 지정되어 무인기 운항

[7] USSP는 드론 운영자와 직접 접촉하여, 드론 운영자들 간의 링크 역할을 할 뿐만 아니라, 규제당

승인을 담당하는 정부당국과 무인기 운영자들에게 디지털 지원을 하게 된다. 무인기 운영자들은 USSP들의 지원에 따라 운항을 계획하고 운항 선언을 하게 된다. 필요에 따라, 코리도(corridor)와 같은 공역구조(airspace structure)가 영구적 또는 일시적으로 정의되어 안전 운항을 확보한다.

이 시기에 U-space 공역은 다음과 같이 정의된다.

- U-space는 무인기 전용으로 지정되는 경우, 유인기에게는 통제공역이 되는데, 통제공역에서는 유인기가 무인기 공역에 진입하지 못하게 함으로써 무인기와 유인기를 분리한다. 그러나 DAR(Dynamic Airspace Reconfiguration) 개념을 도입하여, ATC는 일시적으로 유인기가 무인기 공역을 통과할 수 있도록 허가할 수 있다. 이러한 경우, USSP들은 ATC로부터 무인기 공역이 비활성화되고 유인기가 진입하게 되는 상황에 대한 정보를 제공받게 되며, USSP들은 이 정보를 무인기 운영자들에게 전달한다. 반면에, 비통제공역으로 지정된 U-space에서는 전자적으로 노출될 수 있는(conspicuous) 유인기는 무인기 공역에 진입할 수 있다.
- 이 단계에는 전략적 충돌방지(strategic deconfliction)가 적용되므로 비행계획 단계에 적절한 분리 개념을 적용하여 충돌 방지 대책을 이행한다.
- 무인기 공역에서 BVLOS 운항이 이전 단계보다 훨씬 수월해진다.
- 교통량이 적어서 충분한 분리 간격 유지가 아직은 가능한 단계이다.

무인기 공역에서 운항하는 무인기들의 위치와 이동 파악을 위한 감시업무(surveillance)는 운항 중인 무인기들이 NIS(Network Identification Service[8]))를 통

국이나 CISP와 드론 운영자를 연결하는 역할도 한다. 드론 운영자들에게 비행계획과 비행승인 서비스를 제공하고, 교통정보와 추적 서비스도 제공한다. USSP는 또한, 드론 운영자들이 공역 내의 운항 규정과 안전요건을 준수하도록 도와준다. 결국, USSP는 드론 운영자들이 U-space에서 드론을 운항하는 것을 수월하게 해주고, CISP는 운항에 필요한 데이터를 제공함으로써, 이 두 시스템이 안전과 보안이 확보되고 효율적인 드론 운항이 U-space 내에서 이루어지도록 담보하는 것이다.

8) NIS는 U-space에서 비행 중인 무인기(UAS)의 정보를 인가된 관계자들에게 제공하는 서비스인데 다음 사항을 포함한다; UAS 사용자 등록번호, 무인기 식별번호, 현재의 위치, 고도, 속도, 진행방향, 원격조종자 위치, 비상상황, 현재시각 등(출처: EASA, Easy Access Rules for U-space)

하여 보고하는 위치보고에 의존한다. 무인기 공역 운영 초기에는 얼마만큼 정확하게 운항 중인 항공기들의 위치와 이동을 파악할 수 있는지를 이해하고 이에 합당한 요건을 부과하는 것이 중요하다. 이를 위해 위치 정확성 감독업무(conformance monitoring)를 수행하여 관찰 위치(observed position)와 기대 위치(expected position)를 비교하고, 관찰 위치의 정확성을 평가한다. 이와 같은 정확성 평가가 미비한 단계에서는 분리 간격을 비교적 크게 유지해야 할 것이다. 이 단계에서는 무인기 성능과 무인공역 서비스가 급속하게 발달할 것으로 예상되며, CNS[9]가 개선되면, 공역에서 안전한 비행 중 분리 서비스가 가능해질 것이다.

(3) General U-space 단계(2030 -)

무인기 기술발전과 수요증대에 부응하여 무인기 운항 공역들이 통제공역과 비통제공역 내에 상당량 설정되게 된다. 무인기 운항 공역은 대부분 비통제공역에서는 초저고도(VLL)인 500피트 이하로 제한되고, 그보다 높은 고도의 운항이 필요한 도시 간 수송이나 유인 UAM 운항 항로(corridor) 등도 추가로 설정되고 AIP에 공표되게 된다.

교통 밀도가 높은 공역에서는 비행 중 분리가 일상적으로 적용되고, ATC가 관장하는 통제공역에서 운항하게 되는 무인기들은 일상적으로 ATC가 무인기 공역에서 무인기 공역 CNS를 통하여 수행하는 통제에 따라야 한다. 비행 중 충돌 분리 능력을 초과하는 교통량 유입 상황을 막기 위하여 동적인 수용량 관리를 통하여 CDB(Capacity Demand Balance) 기능을 이행해야 한다. 어떤 공역은 원격조종비행(remotely piloted flight)을 수용할 수도 있는데, 이 경우 UFR이라는 새로운 형태의 비행규칙으로 운항해야 한다[10].

---

9) CNS: Communication Navigation Surveillance

10) UFR에 대한 상세한 소개는 제4장에서 다룬다.

(4) Advanced U-space 단계

무인기 교통량이 많아지고 공역 볼륨도 많아진 단계로서 500피트 이상의 고도에서 수천 피트 고도까지 무인기 공역이 빈번하게 설정되고, 유인 항공기 운항도 수용하게 된다. 비행 중 분리도 UFR을 이용하여 상시적으로 운영된다.

(5) Full U-space Integration 단계

U4 단계로서 대부분의 상업적 운항이 무인기로 이루어지며, 일부 유인기는 UFR을 적용하면서 운항한다. 무인기 공역이 광범위하게 설정되며 무인 항공기들이 자동적인 탐지/회피(detect and avoid) 기능을 이용하여 충돌을 방지한다. 이 단계의 달성 시점을 예측하기는 어렵다. 이 단계의 실현은 유인 항공기의 종말 시기와 맞물리게 될 텐데, 마지막 유인기 세대 항공기가 폐기되는 시점이 되지 않을까 예측한다. 참고로 전통적으로 항공기 수명은 평균적으로 25-30년으로 평가한다.

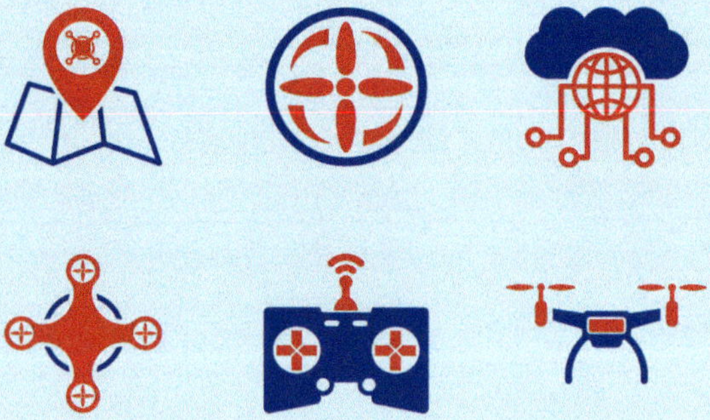

무인기 공역(U-space) 운영개념과 도심항공교통

CHAPTER

2

운항환경

2 운항환경(operating environment)

1 도심항공교통(UAM: urban air mobility) 운항의 고려

무인기 공역(U-space)에 유인 항공으로 초기 운항을 하게 되는, UAM도 수용해야 하므로 우선 UAM에 대하여 간단히 살펴볼 필요가 있다. 즉, 도심항공교통(UAM)은 운영환경이나 주로 사용하는 공역이 일반 무인기와는 다른 면이 있으므로 우선, UAM의 특성을 살펴볼 필요가 있다.

전통적으로 도심교통은 버스, 기차, 승용차, 택시, 자전거, 도보 등 일상적으로 이용되는 교통수단이다. 이러한 전통적 도심교통 수단에 "Air"라는 단어를 추가함으로써, 도심 교통에 항공교통 수단을 추가하는 의미를 갖게 되고, 조종사가 탑승하는 유인기일 수도 있고, 무인기일 수도 있다. 이러한 관계는 그림에 잘 표현되어 있다.

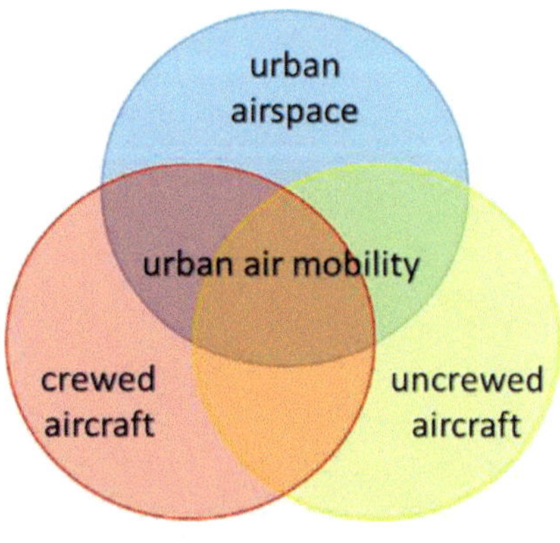

도심항공교통의 운항형태 관계도

도심 교통은 주로 직장인들의 출퇴근 교통으로 대변되기도 하므로, 기능적으로 도심이란 시내와 출퇴근 주거 지역을 포함한다. 따라서, 기능적으로 보아

도심은 인구 밀집도가 높은 시내와 인구 밀집도가 덜 높은 출퇴근 지역으로 구성된다. 이러한 기능을 갖는 도심의 교통 수단에 무인기 공역을 활용하는 항공기를 포함하는 항공교통 수단을 추가하면서 UAM 개념이 발전되었다. UAM도 궁극적으로는, 무인기를 추구하지만 유인기가 활용될 수도 있고 유인기는 무선 통신에 의한 기존의 ATC 서비스를 받는 영역으로 고려되고 있는 점이 주목된다. 향후의 논의에서 이러한 UAM을 고려한 U-space 운영개념이 소개될 것이다.

2 U-space 기반시설 구성 요인과 무인기 비행 주기

(1) U-space 기반시설 구성

U-space에서의 운항활동을 지원하기 위해 필요한 기반시설 구성은 다음과 같다.

① 물리적 기반시설(physical infrastructure)

- 공역
- 버티포트
- Drone Hubs
- 충전소
- 데이터 수집 센서
- 데이터 수집/통합/분석/저장 센터

② 전자적 기반시설(digital infrastructure)

- 데이터 통합 및 분석용 소프트웨어
- 자동화된 Operational decision making 프로세스용 소프트웨어
- UTM 시스템

③ 정책 및 법규체계

- 안전규제
- 공역 소유권 규정
- 데이터 공유와 접근권한 관련 정책 및 규정
- 사생활보호 대책
- 적절한 감시 수행을 위한 책임과 권한 체계

(2) 무인기 비행주기의 제 단계

무인기 공역에서의 운항계획을 U-plan이라고 칭한다. 아래의 표는 무인기 공역에서의 비행주기의 단계와 각 단계별 조치사항을 정리한 것이다. 또한, 이어지는 그림은 U-plan 주기의 시간별 조치사항을 보여주고 있다.

U-plan 주기(life cycle of U-plan)

Phase	Typical activities
Strategic long-term	• Capacity planning: provision of services, airspace design • Acquisition of aircraft, recruitment & training of crew • Obtaining an operator's licence/certificate (if appropriate)
Strategic-pre-flight	• Developing a plan for a flight, selecting & configuring aircraft & crew • Specific Operations Risk Assessment (SORA), Pre-defined Risk Assessment (PDRA), etc., if needed • Seeking permission to enter airspace/overfly (if needed) • Contingency planning
Pre-tactical	• Demand capacity balancing • Pre-flight deconfliction
Tactical	• Activation • Aviation (contingencies) • Termination
Post-flight	• Logging • Reporting (as required) • Maintenance • Performance assessment

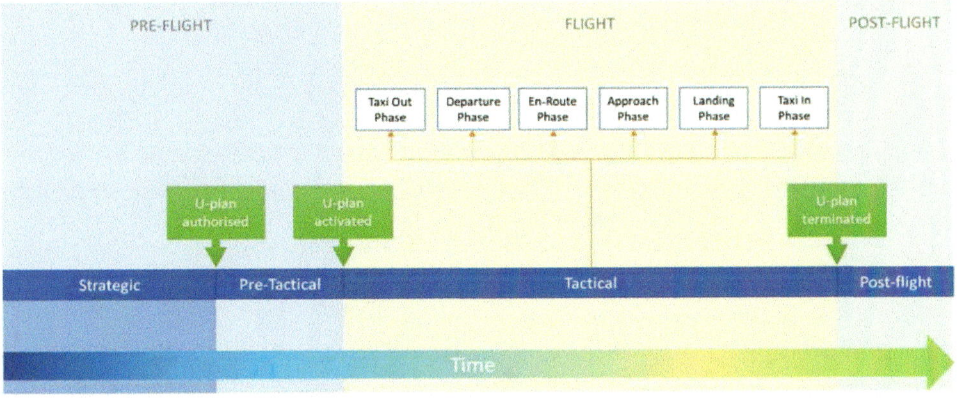

U-plan 단계별 조치사항의 시각표

이하에서는 위의 표와 그림에서 제시한 각 단계별 조치 사항에 대한 세부 설명을 소개한다.

① 장기 전략적 단계(strategic long-term)

U-space에서 운항을 수행하기 위해서, 많은 조치들이 선행되어야 한다. 이 활동들은 항공기 운영자 관련 사항도 있고, 항공기 기체 관련 사항도 있으며, 운항 환경 관련 사항도 있는데 다음과 같은 항목을 포함한다.

a. 공역설계와 설계변경

무인기 공역을 설정하는 정부의 책임기관은 위험요인을 고려한 무인기 공역 서비스 및 관련된 기술적 제한 사항 등을 포함하여 공역 구조를 수립해야 한다. 기술적 제한에는 공역 용량을 제한하는 요인들을 포함하며, 예상되는 무인기 운항과 임무에 관련되는 기능을 고려하기 위하여 주기적인 검토가 필요하다.

b. 무인기 운영자 등록

무인기 운영자와 무인기들은 규정에 따라 등록되어야 한다.

c. 무인기 형식 승인(UAS type approval)

운항 범주(category)나 위험 수준에 따라 무인기는 형식 승인이나 설계검증

보고서(DVR: Design Verification Report)가 필요하다. 운항 범주(flight category)와 그에 따른 승인 체계는 다음과 같은 세 가지 형태로 구성된다.

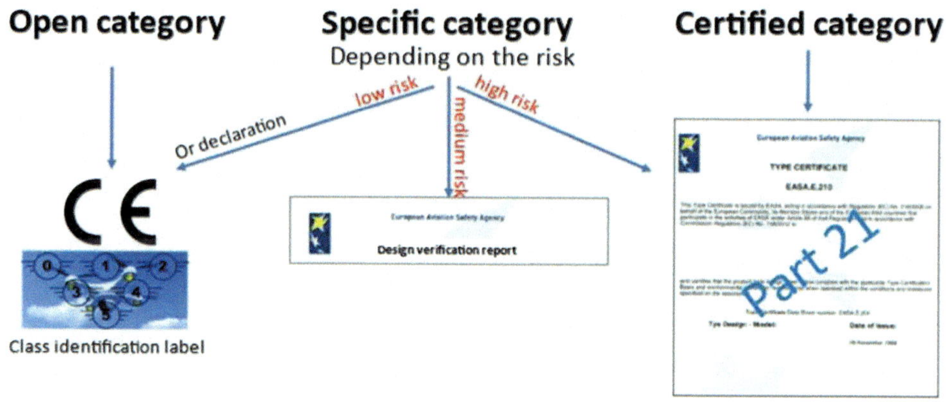

무인기 설계검증

② 비행 전 전략적 단계(strategic pre-flight)

비행 전의 전략적 단계는 비행이 수행되기 위한 계획단계를 의미한다. 이 단계는 반복적 단계로서 수행해야 할 임무상 필요성(레저 목적일 수도 있음)과 위험 수준, 규정, 비용 등을 균형있게 고려하게 되는데 다음과 같이 세분하여 설명할 수 있다.

a. 운항 범주(operational category)

운항 범주에 따라 비행 승인이 필요할 수도 있다. 규정에 따라, 안전 요건과 공공 수용성을 구현해야 하기 때문이다. 운항은 항공기의 중량, 비행 장소 및 시간과 연계된 위험에 따라 분류되는데 비행이 이루어지는 상황은 아래와 같이 요약된다;

- Open category 운항은 인명과 재산에 대한 위험이 매우 작을 것으로 제한되는 다양한 기준을 충족해야 한다. 이외의 비행들은 Specific이나 Certified category로 이행해야 한다.

- Specific category 운항은 SORA(Specific Operation Risk Assessment)나 PDRA (Pre-defined Risk Assessment)에 따라 승인을 받아야 한다. 또한, LUC(Light UAS operator Certificate)를 소지함으로써, STS(Standard Scenario)를 이행하여 승인을 얻거나, 수용할 수 있는 대체 방안에 의해 승인될 수 있다.
- Open Category나 Specific Category 이외의 운항은 Certified Category에 의해 운항할 수 있다.

운항 범주를 결정하고 운항 승인을 얻는 절차는 비행 전 절차로서 USSP의 서비스를 지원받아 이행할 수 있다. 이러한 운항 승인 과정에서 무인기 운영자는 Geo-awareness 서비스나, Risk Analysis Assistance를 지원받아 재작성 방식으로 U-plan을 개선할 수 있는데, 예를 들면, 지상 위험이 적은 비행로를 선정하는 방안 등이 있다. 특히, SORA 절차는 운항과 관련된 위험을 식별하고, U-space Service를 활용하여 위험 완화 방안을 찾는 데 도움을 준다. SORA 승인은 단일 운항을 위한 승인일 수도 있고 동종의 여러 비행편에 대한 승인일 수도 있는데, USSP는 이러한 지원을 통하여 무인기 운영자가 U-plans을 최적화하는 데 도움을 준다.

b. **비행 우선권(flight priority)**

무인기 운항 승인 과정에서 USSP는 특별 서비스를 위한 비행에 우선권을 준다. 면제권이 주어지거나 우선권이 주어지는 운항은 다음과 같은 목적의 비행을 포함한다;

- 경찰임무나 세관임무 비행
- 교통감시나 추적임무 비행
- 공공기관에 의한 환경 통제임무 비행
- 수색과 구조임무 비행
- 의료임무 비행
- 피난/대피 비행
- 화재진압임무 비행
- 국가수반의 비행이나 중요 기능으로 보안이 요구되는 비행

c. Vertiport 제약 사항(vertiport constraints)

무인기 비행은 vertiport를 이용하여 이착륙을 할 수도 있는데, 이러한 지상 기동을 위해서 다음과 같은 요인을 고려하여 U-plan을 준비해야 할 것이다:

- vertiport 이용에는 허락이 필요하다. 또한, 항공기와 vertiport 시설이나 서비스가 호응이 맞아야 한다. 즉, 비행의 성격, 항공기의 크기, 소음, 충전 또는 급유 필요성, 지상조업 필요성 등이 해당 버티포트 시설과 맞아야 한다. vertiport 이용에 따른 사용료 부과가 있을 수 있고, U-plan을 작성하기 이전에 무인기 운영자와 vertiport 운영자 간에 계약이 체결되어 있어야 할 수도 있다. vertiport 사용 제한에 따른 운항 제한이 있을 수 있다.
- Vertiport는 제한된 FATO(Final Approach and Take-Off area)를 가지고 있으므로, vertiport 운영자는 시설 이용을 최적화하려고 할 것이며, 이착륙을 위한 슬롯의 가용성이 제한적일 수밖에 없다.

U-plan의 비행 전 전략적 단계에 vertiport와 관련한 상황은 대체적으로 다음과 같은 세 가지 경우로 나누어 고려해볼 수 있다.

- 사용해야 하는 vertiport가 대체로 가용성이 높은 경우. 이 경우 vertiport는 공역의 일부처럼 간주되고, vertiport 이용은 전략적 충돌방지 개념에 의하여 결정됨
- 사용해야 하는 vertiport가 대체적으로 혼잡한 경우. 이착륙에 타임 슬롯이 요구되며, vertiport 운영자는 효율성을 고려하게 되지만, 슬롯은 전략적 계획의 불확실성을 줄이기 위해 여유있게 배치되어야 하고, 무인기 운항 U-planning과 vertiport planning이 다소간 연계되어야 함
- 사용해야 하는 vertiport가 매우 혼잡한 경우. 무인기 운항 네트워크의 가장 큰 제약요인이 vertiport가 됨. 타임슬롯이 짧게 계획되며, U-planning은 vertiport 가용성에 좌우됨. U-planning은 vertiport planning과 반드시 연계되어야 함. vertiport 혼잡 문제 해결을 위해서는 새로운 vertiport를 건설하거나 동적으로 운항계획을 지속적으로 업데이트하는 방안이 있음

d. U-plan 최적화와 승인(U-plan optimization & approval)

비행 전 전략적 단계의 마지막 조치는 비행 승인을 얻기 위하여 U-plan을 제출하는 것이다. U-plan은 승인될 수도 있고 기각될 수도 있는데, 기각되는 경우, 이유를 제시하고, 수정 방안을 제시해 주어야 한다. 따라서, 기각되는 경우 무인기 운영자는 수정한 U-plan을 다시 제출할 수 있다.

무인기 운영자들은 U-plan 작성과 제출을 위해 비즈니스 목적에 맞는 도구(tool)를 사용하는데, 운영자의 선호와 공역 제한 사항, 충돌방지를 위한 수정과 제 제출 절차 등을 최적화한 도구를 사용하게 될 것이다. 전략적 단계는 U-plan이 승인되면 끝난다.

U-plan 승인 논리는 무인기 공역 발전 단계에 따라 달라진다. 초기 단계(2023–2030)에는 다른 U-plan과 충돌이 없으면 승인된다. 그 이후 시기에는 충돌 방지 해법이 U-plan 제출 시점에 완결되지 않고, pre-tactical 단계에 해결될 수 있다.

③ 비행직전 준비 단계(pre-tactical)

일단, U-plan이 승인되면, 비행직전 준비 단계(pre-tactical phase)가 시작되고, 비행이 시작되면 pre-tactical phase가 끝나면서, tactical phase가 시작되는 것이다. Pre-tactical 단계에는 U-plan이 다음과 같은 이유로 취소되거나 경고가 주어질 수 있다.

- 다른 U-plan과의 충돌문제
- 교통 수요가 공역의 용량을 초과하는 경우
- 공역구조(airspace structure)가 바뀌는 경우

이러한 상황은 공역 운영 상황이나 비행 우선권 문제 때문에 발생할 수 있다.

a. 공역 발전 초기(2023–2030)의 Pre-tactical 단계

U-plan 제출 시점에 충돌 요인이 없고 우선권이 있는 경우 U-plan은 승인된다. 동일한 우선권을 갖는 새로운 U-plan이 제출되더라도 새로 제출된 U-plan은 기각될 것이다. 그러나 새로운 U-plan이 우선권이 높은 경우, 이미 승인된 U-plan

과 충돌이 예상되면, 이미 승인된 U-plan이 취소되는 것이다.

b. 충돌해결과 동적 수용량 관리(conflict resolution & dynamic capacity management : 공역발전 초기 이후)

공역 발전 초기 이후(대략, 2030년 이후)에는 동적인 수용량 관리가 이루어지는데, 아래와 같은 모델이 적용될 것으로 기대되지만, 상세한 사항은 추가 연구가 필요하고 변화할 수도 있다.

- Reasonable time to act

  U-plan 제출 시각은 무인기 운영자의 비즈니스 절차에 따라 상이할 수 있다. 어떤 운영자는 비행 직전에 제출할 수도 있고, 경우에 따라서는 U-plan이 운영자의 필요에 의하여 수정이 필요할 수도 있다. 따라서, 수요와 용량의 균형을 맞추기 위해 운항계획에 영향을 주는 절차는 비행 수행이 매우 임박한 시점에 완료될 수 있을 것이다. 수요와 용량의 균형 절차를 어떻게 수립하든 간에 항로를 변경하거나, 비행을 지연해야 하는 등의 영향은 무인기 운영자가 수용해야 할 것이다. 어떤 운영자는 비즈니스 특성상 U-plan 변경을 받아들일 수 없는 경우도 있을 수 있어서, 타협이 필요하다. 즉, 수요가 용량을 초과하여 U-plan에 영향을 미칠 수 있는 결정을 비행 수행 전 특정 시간 이전에 하도록 합의하는 것이다. 이 시간을 "reasonable time to act(RTTA)"라고 지칭한다. RTTA는 5분일 수도 있고 1분, 또는 더 짧은 시간일 수도 있으며, 공역마다 다른 RTTA가 적용될 수 있다.

- Demand Capacity Balancing(DCB) and RTTA

  위에서 설명한 RTTA 시점에는 교통량에 대한 거의 완전한 파악이 가능해야지만 수요와 용량의 균형을 맞출 수가 있다. RTTA 시점의 DCB 절차는 네 종류의 U-plan으로 분류하여 이해해야 한다; RTTA 시점이 지난 U-plan, RTTA 시점에 있는 U-plan, RTTA 시점보다 이른 시점의 U-plan, 늦은 제출 U-plan(또는 RTTA 시점 이후에 수정한 U-plan). RTTA 시점이 지난 U-plan은 "frozen"으로 취급되어 더 이상 변경이 불가능하다. 이러한 U-plan은 수요의한 형태로 존재하지만 DCB에 영향을 주지는 못한다. RTTA 시점에 있는 U-plan은 수요의 일부분으로 인식되어, 가용한 용량으로 수용되고, DCB에 영향을 주며, 이 과정을 통해 'freeze' 하면서, 운영자에게 알려진다. RTTA에 아직 도달하지 않은 U-plan은 수요의 일부가 되고 일시적으로 가용 용량에 적용되지만, 나중에 변경될 수도 있다. 뒤늦게 제출한 U-plan은 frozen으로 취급되어 RTTA 시점의 수요량을 처리 후에 처리될 수 있다. 드물게는, 공역이나 버티포트가 폐쇄되는 사건 등으로 인하여 갑자기 수용량에 변화가 발생하고 지나간 RTTA의 U-plan에 영향을 줄 수 있다.

- Applying RTTA to Strategic Conflict Resolution

  전략적 충돌방지 해법에 RTTA를 적용하면 "first to file" 우선권을 이용하여, 승객이나 화물 운송에 수요맞춤 서비스를 제공하는 사업자들의 슬롯 확보 행태를 피할 수 있게 해준다. 즉, RTTA 시점까지 U-plan은 충돌 방지 해법에 포함되지 않으며, 예상 교통으로 간주하게 되고, 활성화는 RTTA 시점에 되기 때문이다. RTTA 시점이 도래해야만 충돌 방지 해법에 수용되고 DCB에 적용된다.

- On the management of uncertainty

  계획에 따른 이행의 결과에는 항상 불확실성이 있게 마련이다. 불확실성의 원천은 개별 비행이 계획대로 수행되지 못해서 발생할 수도 있고, 해마다 발생하는 강풍 기상 일기 등에 기인하기도 한다. 이러한 불확실성은 경험이 쌓이게 되면, 거시적으로는 평균화하여 관리할 수 있을 것이다.

  불확실성은 계획의 정확성을 감소시키고 시스템 최적화에 부정적으로 작용하는데, U-space에는 적어도 다음과 같은 세 가지 부문 최적화 간의 trade-off가 존재한다; 각 비행의 최적화, vertiport 이용 최적화, 공역 용량 최적화. 어떻든, 운항 계획의 정확성은 모든 단계에서 고려되고 정량화되어야 하며, RTTA 값과 정밀한 절차는 이러한 trade-off에 영향을 미칠 것이다.

c. 비행직전 준비단계 종합(pre-tactical overall)

비행직전 준비단계의 시점에 비행 승인이 이루어진다. 그러나 비행 계획은 비행 이행 직전에 다음과 같은 이유로 취소될 수도 있다; 공역구조 변경, 해결 불가능한 수용량 변경(예: vertiport 폐쇄), 상위 우선권 비행과의 중첩, RTTA 시점에 수요초과 등. 어떻든, 비행직전 준비단계는 운항의 시작과 함께 종결된다.

④ 비행단계: 비행 중 단계(aviation: the tactical phase)

비행 중 단계는 U-plan이 수행되면서 시작되며, 운영자 또는 조종자가 U-plan을 종결할 때까지 계속된다.

a. 비행 수행 요청과 비행 수행(activation request & activation)

무인기 운영자나 조종자는 승인된 운항 개시를 요청하고, 비행 조건의 최종 점검을 한 후 비행을 개시하든지, 아니면, 비행 승인이 취소된다. 운항 개시 요청은 U-plan에 명시된 시간에 해야 하고, 정해진 시간이 경과됐으나 운항을 개시하지 않았으면 비행은 취소된다.

b. Tactical U-space 서비스의 시작

활성화된 U-plan에 제공하는 비행 중 U-space 서비스는 다음 사항을 포함한다;

- Network identification, 추적과 감시 데이터 교환 등
- 운항합치성 모니터링(conformance monitoring)
- 교통정보 서비스
- 비행 중 충돌 예측과, 필요한 경우 비행 중 충돌 해법 제공
- 비상관리 서비스
- 기타 모니터링 서비스

이 서비스들은 U-space에 연결되어 제공된다. 서비스 활성화는 "logging on" 절차에 의해 비행 실행 단계가 되면, 서비스 원천인 컴퓨터 네트워크와 계획된 운항 및 항공기 운영자와 연결되어 이루어진다.

c. **정상 비행 확인**(conformance with the U-plan)

U-plan이 활성화되면, 비행은 U-plan대로 수행되어야 하는데, 비행과 U-plan의 비합치는 언제든 발생할 수 있다. 비행단계는 에어택시 운항, 배송운항 등 운항 형태에 따라 다른데, 다음과 같은 단계들을 포함한다.

- 비행 활성화 이후 비행 전 단계, 예를 들면 Network identification이 작동하는지 확인하는 단계
- Taxi-out 단계(지상 업무와 장비가 연관된 견인 포함)
- 출발단계(확인 체크, 이륙, 초기 상승)
- 항로단계(en-route)
- 접근단계(안전/소음/환경문제 등이 관련됨)
- 착륙(최종 하강, flaring, 접지, 확인 체크)
- Taxi-in 단계(지상이동으로서 지상 장비에 의할 수 있음)

운항의 성격에 따라 다른 이벤트들도 발생할 수 있으나, 어떻든 운항은 계획에 따라 수행되어야 한다.

순항(en-route) 구간 비행은 다음과 같은 몇 가지 요인을 고려하여 계획된다; 비용, 지상위험, 소음감소, 공역제한 등. 이와 같은 요인들을 고려해야 하기 때문에 도심항공교통의 항로는 직선적이고 수평적이지 않을 수 있다. 비행 수행단계는 계획된 비행 시간 점검, 바람에 의한 코스 이탈 점검 등, 지속적인 문제해결의 과정이다.

비행계획은 비행 조건의 대체적 예측에 맞추어 항공기가 잘 대응하는 과정의 표현이라고 할 수 있다. 항공기는 합의된 한계치와 수용 가능한 오류 범위 내에서 비행계획에 따라 비행해야 한다. 만일 비행이 U-plan대로 수행되지 못하면 non-conforming으로 간주되고 U-plan으로 회귀할 수 있도록 모든 노력을 해야 한다. 총 운항 시간의 5% 이상 동안 비행이 지속적으로 non-conformance 상태이면, 우발사태로 간주하고 우발계획을 적용해야 한다.

d. 비정상 비행(non-conformance with U-plan)

다음과 같은 이유로 비정상 운항을 할 수 있다.

- **실패**(failure) : 항공기가 속도, 고도, 거리, 정밀도 등을 지키면서 비행을 수행할 수 없는 상태. 바람이 허용치보다 강해지거나, 항공기에 문제가 발생하는 경우, 또는, CNS에 문제가 발생한 경우 등
- **외부적 사건** : 예를 들면, 유인기나 다른 비행기가 비상적으로 접근하여 이를 회피하기 위하여 항공기가 계획된 공간 밖으로 비행해야 하는 경우, 또는 공역이 동적으로 재편(reconfigured)되어, 현재 운항하는 공역을 떠나야 하는 경우 등인데, 이때도 사전에 준비된 우발계획에 따라 예정된 장소로 비행하거나 원격 조종자가 비행에 간여해야 한다.

e. 우발사태(contigencies)

무인기 운영자는 항공기가 자율적으로 수행하게 되는 우발계획과, 우발계획을 작동해야 하는 작동 동인에 대하여 인지하고 있어야 한다. 우발계획 작동 동인에는 C2링크 실패, 배터리 고갈, GNSS 실패, 기계적, 전기적 실패 등이 포함되는데, 다양한 자율적 우발계획이 가능하다. 예를 들면, 출발지점으로 바로 회귀하도록 한다든지, 대체 착륙지점에 착륙하도록 하든지, 목적지로 지속적으로 비행하도록 하든지, 동력을 중단하고 낙하산을 작동하는 등의 다양한 형태가 가능하다.

항공기가 우발절차로 비행하게 되면 비행 중 충돌방지 대책은 의미가 없어진다. 모든 충돌방지는 즉시적 방법으로 처리해야 한다. 어떤 경우에는 우발계획 작동으로 인해 U-plan을 비행 중에 업데이트하여 충돌방지를 할 수도 있다.

f. 비행 종료와 비행 중 U-space 서비스의 종결

항공기 운영자(예를 들면, 조종자)는 운항이 종료되었음을 U-plan processing 서비스에게 알려야 한다. 이로 인해 비행 중 U-plan 서비스는 종결된다.

⑤ 비행 후 단계(post flight)

U-plan과 비행 수행 방법이 합법적 기록 절차에 의해 기록, 보존되어야 하고, 기록물은 다음과 같은 목적에 활용되도록 승인된다:

- 사건/사고 조사 목적
- 항공 사고 이외의 범죄 수사 목적
- 무인기관련 정부 부처, 무인기 운영자, 무인기 공역 설계자, 무인기 공역 서비스 제공자에 의하여 또는 이들을 위한 성능평가 목적, 또는 사회적 영향을 위한 성능평가 목적
- 연구목적

3 공역(airspace)

(1) 도심공역(urban airspace)

도심공역(Urban Airspace)은 소음 등의 방해요인 때문에 현재는 잘 이용되지 못하는 공역이다. 향후는 UAM이 이 공역을 이용할 것으로 기대하고 있다.

(2) 지리적 구획과 U-space 공역(geographic zones and U-space airspace)

무인기 교통관리를 위해서 지리적 구획을 생성하여 U-space 공역으로 지정해야 한다. ICAO의 현행 공역 구분 개념에 의하면 U-space 공역은 비행제한 구역인데, 비행제한구역이란 특정한 조건하에서 비행이 가능한 공간이다. U-space 공역에서는 다음과 같은 조건을 갖춘 비행만 가능한 공간이다.

- 규정에 따르는 무인기 운항이어야 한다.
- 유인기는 전자적으로 드러날 수 있어야 한다.
- U-space 공역에서 운항하려면, 장비, 성능, 운항 방법 등에 의하여 공역 이용에 필요한 기술적, 운항적 요건을 갖추어야 한다.

요구되는 기술과 운항 요건은 허용된 교통량 수준과 기대위험에 의하여 결정된다. 지리적 구획에 관한 정보는 전자적인 방법으로 공개적으로 접근할 수 있어야 한다.

(3) 측지학적 고도 의무 구역(geodetic altitude mandatory zones)

고도 측정 기준의 혼란을 피하기 위하여 책임 당국은 "Geodetic Altitude Mandatory Zones(GAMZ)"를 선포해야 한다. GAMZ에서 항공기들이 고도 정보를 교환할 때, 측지적 높이(geodetic height)로 환산해야 한다.

(4) 운항 서비스에 따른 공역 분류: X, Y, Z Volume 공역

무인기 조종자들은 경험과 훈련에 차이가 많을 수 있으므로, 능력에 따라서, 비행이 허락되는 공역을 분류해야 한다. 예를 들면, 최소한의 훈련을 받은 조종자는 A1공역을 C0 등급 항공기로 운항할 수 있다. 조종자들은 제작사가 제공하는 매뉴얼에 익숙해져야 한다. 훈련이 덜 된 무인기 조종자들을 위해 저고도 공역은 세 가지 형태의 볼륨(X, Y, Z)으로 구분되는데, 제공되는 충돌해결 서비스에 따라 구분된다.

Volume	충돌해결 서비스(Conflict resolution service)
X	충돌해결 서비스 없음. 충돌회피는 조종자 책임
Y	비행 전(Strategic) 충돌해결 서비스 제공
Z	비행 전(Strategic) 충돌해결 서비스 제공 비행 중(Tactical) 충돌해결 서비스 제공

X 볼륨에서는 U-plan이 요구되지 않는다. X 볼륨에서 무인기 조종자나 운영자는 운항이 완전하게 X 볼륨에서만 운영될 수 있도록, 최신의 지리-인식(Geo-awareness) 데이터를 인식하고 있어야 한다. 운항 승인이 필요할 수도 있

고, 적절한 장비 요건도 갖추어져 있어야 한다.

Y, Z 볼륨 비행은 운항 승인이 필수 요건이고, 조종자(또는 운영자)는 위치 정보를 발신하고, 경보나 교통정보를 수신하기 위하여, 비행 중에는 U-space와 연결되어 있어야 한다.

EU의 규정에 의하면;

- X 볼륨은 U-space 공역이 아니고,
- Y 볼륨은 U-space 공역이거나, Geo-Zone임
- Z 볼륨은 현행 규정 이상의 개념으로 고밀도 교통량을 수용할 수 있도록 확장된 개념이 적용될 공역임

a. X 볼륨 공역 서비스

X 볼륨 공역에서의 비행은 U-plan도 필요없고 분리 서비스도 제공되지 않으므로, VLOS 비행이 적절하다. BVLOS 비행을 하려면, 위험 감축이 불가능하다는 조건하에서 위험 평가를 해야 한다.

비행 전에 Geo-awareness 서비스를 통하여 다음 사항을 확인해야 한다;

- 비행은 X 볼륨에 국한될 것
- 고도제한이나 장비요건 등의 제한사항 정보 확인
- 필요한 승인 획득 확인
- 필요한 경우 Geo-zones를 무인기에 탑재할 것

비행 중에는 운항 중 충돌방지 서비스가 불가능하므로, 안전 운항은 전적으로 운영자 책임이다. 많은 경우에 무인기는 식별 가능해야 하고, 직접적 원격 식별이 가능하도록 하거나, 또는 network identification 서비스를 이용해야 한다. 운영자는 필요하고, 가능한 경우 수직적 전환 서비스(vertical conversion service), 수직적 경고 및 정보 서비스, 비상관리 서비스 등을 이용할 수 있다.

b. Y 볼륨 공역 서비스

Y 볼륨은 비행 전에 전략적 충돌방지를 제공하므로, U-plan이 필요하고, 접

근이 제한된다. 모든 U-space는 Y 볼륨이지만, 모든 Y 볼륨이 U-space인 것은 아니다. 전략적 충돌방지란 비행 계획을 준수함으로써, 충돌 확률을 수용할 수 있는 수준으로 줄이는 것을 의미한다. 이 절차에서 중요한 것은 비행계획이 얼마만큼 정확하게 이행될 수 있는지에 대한 신뢰도이다. 신뢰 수준이 낮은 초기에는 분리 거리가 길 수밖에 없다.

- **공역의 기술적, 운영적 특성**

  각 공역에는 기술적, 운영적 필수 요건이 주어지는데, 필수요건은 책임 당국이 "공통정보(common information)"로 공표해야 한다. U-plan의 승인에는 이 필수요건이 부수된다.

- **Y 공역의 비행 전 단계**

  무인기 운영자는 필요한 경우 등록을 해야 하고, 비행 전에 지리경보(geo-awareness) 서비스를 이용하여 적절한 데이터를 항공기에 탑재해야 한다. 특정한 접근 조건이 부수되어 공표된 공역에 대해서는 비행 허가의 획득이 필요하다. Y 공역의 모든 비행은 U-plan 승인이 필요하며, 승인된 U-plan은 전략적 예측에 의하여 충돌이 없는 상태가 비행 전에 확보된다.

- **Y 공역의 비행 단계**

  비행을 개시하기 위해서는 U-plan이 활성화되어야 한다. 비행 수행에는 다음 서비스를 이용해야 한다.

  • Network identification service,

  • Traffic Information service,

  • Emergency Management service,

  • Monitoring service, including Conformance Monitoring,

  • Infrastructure monitoring services,

  • Vertical Alert and Information Service.

- **Y 공역 비행 후 단계**

  U-plan은 운영자에 의해 종결되며, 사건/사고 보고 서비스를 사용할 수 있

다. 운영자는 디지털 로그북을 참조할 수 있다.

c. Z 볼륨 공역 서비스

Z 공역은 비행 중(tactical) 충돌 해법이 적용되는데, 다음과 같은 세 종류의 Z 공역이 있다.

- Z_a : ATC에 의하여 모든 교통량이 관리되는 공역으로서, 공항지역에 존재한다. ATC가 무인기를 관리하는 U-space 서비스도 제공한다는 이점이 있다.
- Z_u : U-space가 비행 중 분리 서비스를 제공하는 공역
- Z_z : U-space가 비행 중 분리 조언 서비스를 제공하는 공역

Z_a는 현존하는 통제공역인데, 이 용어는 무인기 커뮤니티를 위한 용어이다. 사실, Z_a는 무인기 공역이 아니지만, 무인기 운항이 증가할 것으로 예상되는 공역이다. Z_u와 Z_z는 현재는 없는 공역으로서 Y 공역이 교통량 증가와 함께 논리적으로 확장 발전되어 형성될 것이다.

4 UAM 지상 기반시설(ground infrastructure for UAM)

UAM을 위한 공항시설은 Vertiport라는 용어를 사용한다. 두 종류의 vertiport가 있는데, 하나는 승객 운송을 위한 것이고 다른 하나는 소형 무인기에 의한 화물 운송용이다. 또 다른 분류 방법은 규모가 크고 시설/장비가 잘 갖춰진 경우는 vertiport라 칭하고, 간단한 시설을 갖추고, 단순한 중간 기착 용도로 주로 사용되는 경우는 vertistop이라고 칭하기도 한다.

(1) 승객 운송 중심 버티포트(the vertiport predominantly for passenger operations)

a. 개요

승객 운송용 수직 이착륙기가 착륙하고 이륙하는 시설로서, 전기 충전소, 승객 탑승 및 하기 시설, 승객 대기 시설 등을 갖추고 있다. 승객 운송용이 아닌,

화물 운송 드론 등은 다른 시설을 이용하는 것이 좋다. 왜냐하면, 화물 운송이나 다른 목적의 소형 무인기는 분산된 지점을 사용하는 것이 좋고, 기반시설이나 안전 요건이 다르기 때문이다. 물론, 드물게는 이러한 무인기들도 필요에 의해 승객용 vertiport를 방문할 수는 있다. 현재, 여러 지역에서 vertiport 개념을 개발하고 있는데, 대개가 기존의 헬리포트 개념을 많이 차용한다. 즉, 헬리포트의 Touch-down and lift-off(TLOF) 지역, 최종접근 및 착륙 지역(FATO: Final approach and take-off) 지역, FATO 지역의 안전확보, 계류장(stand) 등의 개념을 차용해야 하기 때문이다. 추가적으로, 항공기가 TLOF에서 Stand로 지상 이동을 할 수 없는 경우는 항공기 견인을 위한 지상이동장비(GME: Ground Movement Equipment)가 필요하다. GME는 항공기를 지표면에서 수평 이동시키기 위한 바퀴가 달린 견인 장비로서, 운전자가 현장에서 운전을 하든지, 원격 조종으로 작동하게 할 수도 있으며, 지상 요원이 감시할 수도 있다.

Vertiport는 도심에 위치하거나, 공항 인근에 위치하여, 도시 내의 지점 간 운송 또는 공항과 도심 간의 운송 등에 사용되는 air-taxi 기능을 고려한 이착륙장이라고 볼 수 있다. 중요한 요건은 vertiport 주변 공역에서 무인기가 입출항하는 절차가 기존 유인기 운항 공역과 분리 또는 구분될 수 있는 공역 통합 문제이다. vertiport 지역 항공기 운항은 U-space를 통하여 관리되므로, 순서관리, 착륙허가, 대기비행 지시, 지상 이동 허가 등이 인간의 간섭없이 이루어진다는 특성이 있다.

b. 항공기

UAM에는 다양한 종류의 항공기들이 사용될 수 있지만, 대체적으로 수직 이착륙이 가능한 eVTOL 또는 하이브리드 VTOL 항공기가 이용될 것으로 가정한다. 도심에서의 소음 문제나 공기질 문제뿐만 아니라 이착륙용 공간 문제를 생각할 때 전기 배터리를 이용하는 수직 이착륙 항공기가 최적이기 때문이다. eVTOL은 전기 충전이 필요하고, 장시간 비행이 불가능하기 때문에 항공기의 체공이 없어야 하는 등의 문제가 vertiport 레이아웃에 영향을 줄 것이다.

c. Vertiport 시설

현재 추진되고 있는 vertiport 디자인 컨셉은 다음과 같은 시설을 제공할 수 있도록 고려되고 있다:

- Touchdown and Lift-off(TLOF) area(s);
- Final Approach and Take-off(FATO) area(s);
- Safety Area(s) around the FATO(s);
- Stands
- Facilities for re-energizing of aircraft batteries;
- Areas for taxiing(under own power)
- ground movement(not under own power) of VTOL aircraft between the FATO and TLOF; and
- Passenger embarking, disembarking, and waiting areas.

수용량과 우발상황을 고려할 때, 두 개 이상의 TLOF/FATO를 제공할 수 있어야 한다. 즉, 하나의 TLOF/FATO는 특정 시점에 들어오거나 나가는 항공기에 의하여 점유되어 있을 수 있기 때문이다. Vertiport 환경에서 FATO와 안전지대는 항상 함께 위치해야 하고, TLOF와 stand는 어디든지 위치할 수 있다. 이 들 기본 시설의 위치 관계는 아래 그림과 같이 서로 다른 옵션이 있을 수 있다.

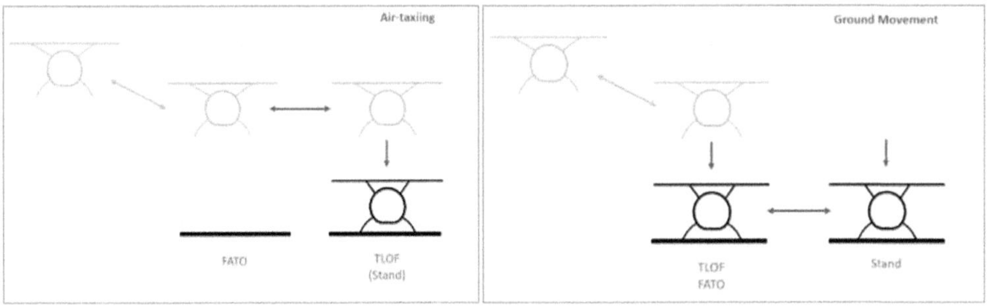

- 첫 번째 그림은 air taxiing 옵션으로서, TLOF와 stand가 동일한 위치에 있으며, 항공기 자체 동력으로 hovering을 이용하여 vertiport 표면상을 이동한다. 항공기는 FATO에서 착지하거나 부양하지 않는다.
- 두 번째 그림은 항공기가 지상에서 이동하는 옵션으로서, TLOF와 FATO가 동일 지점에 위치해 있으며, stand는 떨어져 있어서 항공기는 지상에서 이동할 필요가 있다. 항공기는 자체 동력으로 지상 이동을 할 수도 있고 장비를 이용하여 이동시킬 수도 있다.

d. **Vertiport 접근과 운영**

Vertiport 운영은 vertiport 운영조직의 권한으로 수행된다. vertiport 운영조직의 책무가 아직 구체적으로 정의되지는 않았지만, 다음과 같은 항목의 책임이 부여될 것으로 예견된다;

- 해당 vertiport를 이용하는 항공기의 이착륙 지원을 위한 최소한의 서비스와 장비 명세 제공
- vertiport의 운영 상태와 이착륙 및 계류장 용량 지표
- 항공기 안전 운항에 필요한 정보와 서비스 제공(예: 지상 장애물지도, 이착륙로, 지역 기상정보)

Vertiport는 도착, 출발, 홀딩, diversion, 지상운영(충전, 지상이동)과 같은 기동 및 서비스 업무를 위한 절차를 제공해야 한다. vertiport 주변의 U-space에 있는 항공기들은 하나 이상의 U-space 서비스 제공자(USSP)의 관리하에 있다. 현재로서는, USSP가 vertiport 운영자로부터 제공받은 시설정보와 스롯 가용성에 따라 무인기의 이착륙을 허가하는 권한을 갖는 것이 바람직할 것으로 평가된다. vertiport 당국이 이착륙 허가 권한을 가질 수도 있지만, 그런 경우 USSP와의 통제권 인터페이스 절차가 복잡해질 수 있다.

승객 운송용 VTOL 항공기가 사용하는 vertiport는 다른 vertiport와는 차별된 요건을 갖추어야 할 것이다. 승객 운송용으로 인증받은 VTOL 항공기는 SC(Special Condition) VTOL로 분류되는데, 높은 수준의 안전 조건을 요구하는 범주로 인

증받은 항공기로서, 사용하는 vertiport 요건도 다를 수 있다. 아래 그림은 VTOL 항공기 운항을 중심으로 고려해본 vertiport 분류이며, SC VTOL도 이착륙 및 비상착륙이 가능한 것으로 가정한다.

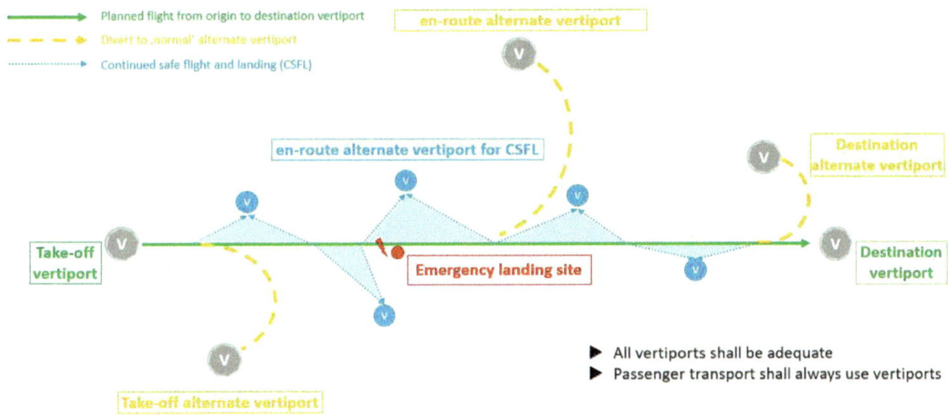

그림에서 회색 동그라미는 정상적 공항으로서 완전한 서비스가 가능한 헬리포트 또는 vertiport이므로 VTOL 항공기가 이륙할 수 있다. 푸른색 동그라미는 지속적인 안전비행(CSFL: Continued Safe Flight and Landing)이 가능한 공항으로서 최소한의 시설을 갖추고 있어서 VTOL 항공기가 이륙할 수 없을 수도 있는 vertiport나 헬리포트이다.

- 이륙과 목적지 vertiport : 각각의 운항은 이륙공항에서 출발해서 목적지 공항까지 비행하도록 계획된다.
- 교체 vertiport(alternate vertiport) : 교체 vertiport는 세 종류가 있다. 첫째, 이륙 교체 vertiport는 항공기가 이륙 후 짧은 시간 내에 문제가 발생하는 경우, 착륙해서 재이륙할 수 있는 교체 vertiport이고, 두 번째는 항로(en-route) vertiport로서 순항 중에 정상적인 항공기 상태에서 diversion이 필요한 경우 이용할 수 있는 vertiport이며, 끝으로 교체 목적지 vertiport는 목적지 공항이 착륙 불가 상태이거나 문제가 발생했을 때 사용할 수 있는 vertiport이다.

- **CSFL을 위한 교체 항로 vertiport** : CSFL용도의 교체 항로 vertiport는 항공기나 CSFL을 위한 최소한의 시설을 갖춘 vertiport이다.
- **비상착륙지역** : 비상착륙지역은 공항운영이 불가능하고 항공기의 비상착륙만 가능한 지역일 수도 있다.

e. Vertiport 지역의 공역

교통량이 적은 지역에 위치한 vertiport를 위해서는 공역을 배정해줄 필요가 없으나, 대부분의 vertiport는 V-TZ(vertiport traffic zone)로 둘러싸여 교통량이 많을 것이다. 무인기 운영자가 운항계획을 제출하면, USSP가 승인절차를 수행하는데, 이때 vertiport 접근 예약이 이루어질 것이다. Vertiport 접근 예약은 U-plan의 일부가 되지만, 항공기 이륙이나 착륙을 허가해주는 것은 아니며, 이착륙허가는 비행 실행 직전에 요청해야 하는 것이다. 허가를 이륙 단계에서 한꺼번에 부여하는 것보다는 순차적으로 부여하는 것이 바람직한 것으로 평가되고 있기 때문이다.

초기에는 vertiport가 비통제 공역인 G 클라스로 둘러싸인 공역에 위치할 것이다. 도심에 위치할 수는 있지만, D 클라스 공역으로 둘러싸인 공항지역에는 위치하지 않을 것이며, 시간이 지남에 따라 공항 주변에도 vertiport가 존재하게 될 것이다. 이러한 경우, 에어 택시 운항 등은 ATM과의 상호 작용이 필요하고, ATC와 협조해야 할 것이다.

(2) 화물 조업 중심 버티포트(the vertiport predominantly for cargo operations)

a. 최적화(optimization)

Vertiport는 하나의 무인기 운영자가 독점적으로 운영하는 곳도 있을 수 있고, 소수의 무인기 운영자들이 vertiport 운영자와 긴밀한 협조로 운영하는 곳도 있을 수 있다. 예를 들어, 택배 회사가 업무용으로 사용할 수도 있고, 병원/의료 체계에서 내부적 의료품 이송에 사용할 수도 있다. Vertiport 운영자와 항공기 운영자 간의 긴밀한 연계는 운항 수행이 최적화되도록 vertiport가 활용되도록 할 것이다. 그렇지 않은 경우는 거꾸로, vertiport 운영 최적화에 맞추어 운항 활동이 적응될 수도 있다.

b. 위치(location)

Vertiport 위치 결정에 영향을 주는 화물 운송 비행 형태는 다음과 같은 두 가지로 분류하여 설명할 수 있다.

- 항공기가 화물을 탑재하고 이륙 및 착륙하는 경우. Vertiport는 대개 물류센터나 창고 또는 다크스토어(dark strore[11]) 등에 위치함
- 비행 중에 화물이 수집되고 배송되는 경우. 항공기는 화물 탑재 없이 출발하고 귀환함. vertiport의 위치는 운항 효율성, 안전성, 사회적 수용성을 고려하여 선정됨

(3) Vertiport가 U-space에 미치는 영향

Vertiport 용량이 제한적인 경우, 운항계획을 수립할 때 제약 요인으로 작용할 수 있으며, Vertiport 상황에 따라 운항계획의 불확실성이 존재할 수 있다. 예를 들어, 이륙 예정 시간에 FATO가 사용 중이면 출발이 지연될 수밖에 없다.

5 U-space 기반시설과 필수 참여자의 역할

U-space 운영을 위하여 국가가 의무적으로 제공해야 하는 서비스가 있다. 시장에서 자발적으로 제공하리라고 기대할 수 없는 서비스들이나 보안 서비스처럼 꼭 필요한 국가적 책무로 인식되는 서비스들이다. U-space 기반 확보를 위해 국가가 의무적으로 제공해야 할 서비스들에 대하여 설명한다.

---

11) 온라인 주문 및 배송에 특화된 가상의 매장. 전자 상거래 고객이 주문한 물품을 일시적으로 보관하는 창고

(1) 국가 규제의 공통 정보 서비스(the common information service of regulation)

국가는 UAS Geographical Zones을 지정하고 관련 정보가 전자적으로 접근 가능하도록 해야 하는데, UAS Geographical Zones는 "U-space Airspace"라고 지칭하며, 다음과 같은 CIS(Common Information Service)가 제공되어야 한다.

- U-space Airspace의 수평적, 수직적인 지리적 경계
- 해당 공역에서 비행할 수 있는 항공기의 기술적, 성능적 능력
- 운항 절차의 필요요건
- 서비스 제공 승인을 받은 USSP의 리스트와 각 USSP의 제한사항 및 서비스 제공 방법 및 조건
- 연계된 지역, 즉, 인접한 U-space 또는 해당 U-space Airspace에 관련되는 UAS geographical zones
- 무인기 비행이 가능한 공간을 제한하는 제약 사항
- 동적 공역제한(Dynamic Airspace Restriction)
- U-space에서 운항하는 ATC에 보고된 유인기 교통정보로서 CIS에 정의된 것

CIS는 모든 요청자들에게 제공되는 공통 정보인데, Geo-awareness는 CIS에 포함되지만, USSP와 무인기 운영자 사이의 관계로 제공되는 폐쇄적인 서비스이다. 또한, 국가는 관할하에 있는 모든 무인기 공역 이용자들에 대한 공통정보 제공자(CISP: Common Information Service Provider)를 단일 기관으로 지정하는 것이 좋다. 단일 CISP가 없는 경우, 공통정보는 통신 체제를 통하여 운영 당사자들 간에 직접적으로 교류된다.

(2) U-space의 기반시설(the infrastructure of U-space)

U-space 규정을 통하여, 다음과 같은 정보들이 참여자들 간에 교류되도록 한다.

- Geographic zones와 U-space airspace를 포함하는 공통정보. Geographic zones는 ATC 조직과 같은 당국에 의해 Aeronautical Information이나 NOTAM을 통

하여 생성되고, 개정되고, 제거된다. U-space airspace는 ATC의 동적인 공역 재조정 절차에 따른 운영상의 의사결정에 따라 변할 수 있다.

- 교통정보 서비스 제공자는 무인기 주변의 모든 교통량에 대한 정보를 반드시 제공해야 한다. 따라서, USSP는 다른 USSP에 알려진 비행 궤적에도 접근할 수 있다. 또한, 교통량 정보에는 ATC 감시체제에 의해 추출된 항공기 궤적도 포함할 수 있으므로, ATC 감시 데이터가 USSP에게 흐르도록 해야 한다.
- Conformance Monitoring 서비스는 ATC 경고와 같은 경고를 다른 공역 사용자들에게 제공할 필요가 있다.
- 운항승인요청 서비스는 ATC로부터 획득할 수 있는 정보를 이용하여 비상사태에 처한 유인기도 고려해야 한다.
- 운항승인요청 서비스는 다른 USSP의 운항승인요청과 안전하게 분리될 필요가 있다.

상기와 같은 데이터 교환은 몇 가지 기준을 충족해야 한다. 첫째로, 운항 중에 활용되어야 하므로 적절한 시간에 이루어져야 한다. 둘째로, 안전하고 확실해야 한다. 정보의 출처와 사용자가 의심의 여지가 없어야 하고, 상호 신뢰할 수 있어야 한다. 셋째로, 데이터 교환 구조가 cyber attack 위험이 심각하지 않고 믿을 수 있어야 한다.

a. 발견과 동조(discovery and synchronisation) 서비스

무인기 공역에 들어올 수 있는 항공기들의 궤적을 발견하고 충돌을 회피할 수 있도록 상호 공조하는 서비스를 Discovery and Synchronization Service(DSS)라 한다. DSS의 작동원리는 다음과 같이 설명된다.

- 우선, 적어도 하나의 신뢰할 수 있는 참여자가 한 건(one instance)의 DSS를 발생시켜야 한다. 하나 이상의 DSS가 발생될 것이 예견되고 그들 간에 동조가 이루어진다.
- DSS는 하나의 4차원 공역 지도를 격자 형태의 4D 상자들에 저장한다.

- U-space 공역 참여자들은 DSS에 접속하고, 4D 상자들 중에서 하나 또는 복수의 4D 상자를 선택하여 관심을 표명한다. 그들의 관심은 DSS 내에 표시된다.
- 다른 참여자가 하나의 4D 상자에 관심을 표명하면, 어떻게 동일한 box에 관심을 갖는 참여자들을 접촉할 수 있는지를 학습하게 된다.
- 그러면, 참여자들 간에 직접적인 양자 간 협상이 기대된다.

교통정보에 대한, 참여자들 간의 관계는 publish-subscribe idiom이 될 것으로 기대된다. U-space에서 비행 충돌회피는 일부 규정에 의해 비행계획 접수 우선순위가 될 것이므로 예약 시스템과 같은 효과가 있을 것이며, 양자 간 협상을 활용할 수 있는 규정도 있다.

중요한 것은 누가 DSS를 이행할 것인지이다. DSS가 없이는 충돌 탐지 기능이 작동하지 않기 때문에, 적어도 하나의 instance는 책임 당국에 의해 창출되어야 할 것으로 예견된다. 여타의 DSS는 USSP나 기타 시스템 참여자들에 의해 운영될 것이지만, 개별 USSP가 담당하는 운항이 특정 U-space airspace에 국한된다면, 그 USSP는 해당 공역에만 관심을 가질 것이다. 책임 당국이 관장하는 의무적 DSS는 CISP(Common Information Service Provider) 임무의 일부로 간주될 것이다.

b. 기타 U-space 중추 기능(other backbone functions)

U-space의 올바른 기능 수행을 위하여 DSS 이외에 필요한 서비스들이 있는데, 많은 서비스들은 동조 서비스와 중첩될 수 있을 것이다. 이러한 서비스들은 U-space 참여자들이 제공하도록 할 수도 있고, CISP를 담당하는 의무 기관을 별도로 두어 해결할 수도 있을 것이다.

- **신뢰(trust)**

  2019년부터 ICAO는 "Trust Framework" 정책을 추진하고 있는데, 핵심적 공공 인프라에 대해서는 참여자를 인식하도록 하고 있다. 이는 참여자들에 대한 믿을 수 있고 안전한 "certificate directory"를 요구한다.

- **Swim Registry**

SWIM 서비스 등록체제가 필요하다. 이는 인증된 USSP 공표를 필요로 하는 U-space 규정에 서술되는 공통정보(Common Information)에 긴밀하게 연계된다.

c. 사고조사와 감사(accident and incident investigation, auditing)

U-space 규정에 법적인 기록 의무제도는 없을지라도, 서비스 제공자는 input과 output 및 주요 정보를 기록할 의무가 있다. 책임 당국은 전자적으로 데이터를 요청하고 수신하기 위하여 데이터 수집 시스템을 운영할 수 있다.

무인기 공역(U-space) 운영개념과 도심항공교통

CHAPTER

3

U-space 서비스

3 U-space 서비스

1 서론

U-space 운영개념서에서 의미하는 서비스는 U-space가 어떻게 작동되는지를 설명하기 위한 것이다. 따라서, 서비스라는 용어의 개념은 매우 넓으며 많은 기능을 포괄한다. 아래 그림은 공역 발전에 따른 U-space 서비스 체계를 보여주고 있다.

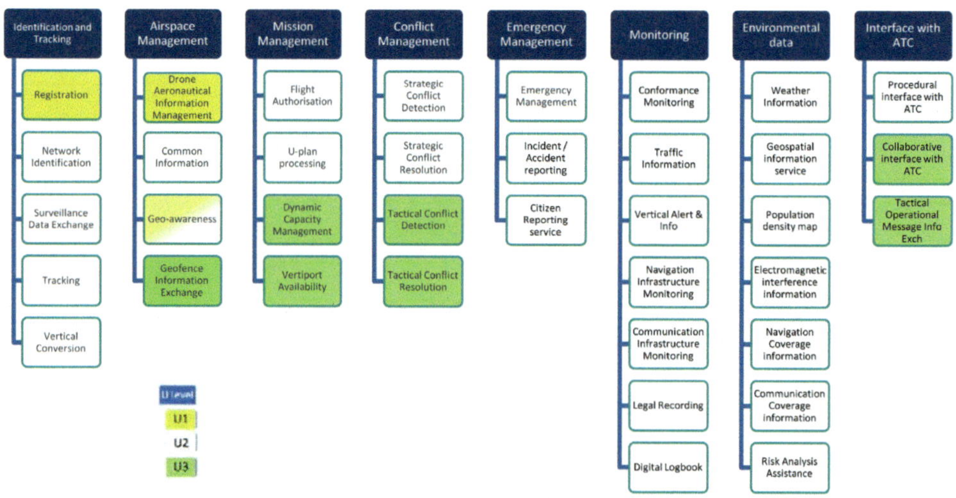

2 등록(registration)

국가는 모든 등급의 무인기 등록을 의무화하고, 등록소를 지정하여야 하며, 등록소는 등록된 무인기들에게 등록 번호를 부여해야 한다. 무인기 등록은 (인접 국가 간) 다국적 네트워크를 형성하여 각 국가의 무인기 등록 번호가 중복되지 않도록 협조해야 하고, 등록의 생성, 조회, 업데이트, 삭제 등이 가능해야 하며, 검색 기능이 있어야 한다. 등록 내용을 조회하고 변경할 수 있는 권한 부여자 지정 절차 등도 필요할 것이다. 등록정보는 시간이 흐름에 따라 변할 수도 있을 것이며, 등록소 변경이나 말소, 법적 조치에 의한 기록 변경 등도 드물게 발생할 수 있을 것이다. 등록소는 사람의 이름, 업무, 주소 등의 입력된 정보가 맞는지 확인하기 위하여 다른 시스템들과 연결될 필요도 있을 것이며, 다중 요소의 인증이 가능해야 하고, "forgotten password" 절차를 지원한다든지, 적절한 수준의 보안 절차로 메시지나 이메일을 전송할 필요가 있을 수도 있다. 등록정보는 비행 중인 항공기의 상세한 파악을 위하여 Network Identitication과 연계하여 법 집행 당국 등 공적인 관계자가 조회할 수도 있을 것이므로, 신속한 대응 능력을 갖추어야 한다.

3 U-space에서의 감시업무(surveillance in U-space)

ATC 업무에서 Surveillance는 항공기의 위치가 지상에 알려지도록 하는 절차라고 공통적으로 인식되는데, CNS에서 'S'가 Surveillance를 의미하고, U-space에서도 동일한 의미로 사용된다. Network Identification 서비스가 무인기의 위치를 U-space에 알려주는 방안으로 이용되는데, Electronic Conspicuity 요건에 의하여 완성된다. 따라서, U-space에서 비행하고 있는, 모든 무인기들은 규칙적으로 현재 위치에 관해서 U-space와 소통해야 한다. 구체적으로는 다음과 같은 세 가지 방법으로 이행된다.

- 무인기는 계약된 USSP와 Network Identification 서비스로 소통한다.
- ATC 서비스를 받고 있는 항공기는 ATC를 통하여 U-space에 감시업무 소통을 한다.
- ATC 서비스를 받지 않고 있는 유인 항공기는 자신의 존재가 U-space에 드러나도록(conpicuous) 하는 절차를 준수해야 한다.

결국, Network Identification 서비스가 U-space에서의 무인기 감시에 기초가 되는 것이다.

U-space에서의 감시업무는 다음과 같은 서비스의 기본이 된다:
- Network Identifcation 서비스
- 감독업무(Monitoring)
- 교통정보(Traffic Information)
- 비행 중 충돌예측(Tactical Conflict Prediction)
- 감시정보 교환

(1) Network identification(NI)

Network Identification 서비스는 다음과 같은 두 측면을 갖는다:
- 모든 무인기들의 위치를 요구하는 기능
- 모든 무인기들의 위치가 U-space에 제공되어야 한다는 필수요건에 근거함

a. 식별 서비스로서의 NIS(NIS as an identification service)

비행 활동을 수행 중인 승인된 사용자들과 시스템은 현재 해당 공역 내에서 활동 중인 모든 무인기의 정보를 획득할 수 있어야 한다. 정보의 내용은 사용자 시스템에 따라 다르지만, 다음 사항을 포함한다.
- 무인기 운영자 등록번호
- 무인기 기체 고유 번호
- 무인기 지리적 위치와 해상고도, 지표고도(또는 이륙 지상고도)

- 무인기 진행방향(진북으로부터 시계방향)과 속도
- 원격 조종자의 지리적 위치 또는 이륙 지점
- 무인기의 비상 상황 관련 정보

정보 갱신율(rate of update)은 감시업무의 다른 성능 기준들처럼 책임 당국에 의해서 결정된다. NIS에서 다루는 데이터들은 다른 USSP와도 공유되며, 무인기 Open Operation에서는 "Direct Remote Identification"을 대신할 수 있다.

b. NI에 부속된 정보 의존에 의한 감시(dependent surveillance as part of network identification)

U-space에 존재하는 무인기는 NI 서비스를 제공하기 위해 충분한 정보를 U-space에게 규칙적으로 통보해야 하며, 정보 갱신율은 책임 당국에 의해서 결정된다. 이와 같이, 운항 참여자들에 의해 제공되는 정보에 의해 감시를 할 수 있는데, 이들이 제공해야 할 정보들의 내용은 다음과 같다:

- 무인기가 U-space에 통보하는 위치보고는 항공기 위치와 원격 조종자 위치를 결합해서 제공한다.
- 무인기 운영자 등록번호나 이륙 지점과 같은 정보는 비행하는 동안 변화하지 않지만, 무인기가 U-space에 보내는 그 밖의 메시지들은 시간이 흐름에 따라 변화할 수 있다. 비행방향(Route course) 정보와 속도정보는 다음과 같은 방법 중 하나로 산출된다; ① 무인기가 발신한 위치 정보를 U-space가 수신하여, 추적 작업을 통하여 이동 벡터를 추론한다. ② 무인기가 heading과 속도를 측정하여 발신하는데, 속도는 직전 위치를 검토하여 산출할 수도 있다. ③ 무인기가 계획된 heading과 ground speed를 발송한다.

항공기는 지속적으로 원격 조종국을 접속할 것이고, 원격 조종자는 항공기 위치정보를 수신할 것이므로, U-space에 보고하는 위치정보는 항공기가 제공할 수도 있고, 원격 조종국이 제공할 수도 있을 것이며, 양자 결합 방법을 활용할 수도 있을 것이다.

(2) 추적(tracking)

Tracking은 물체의 관찰된 위치(위치보고 등)를 기초로 하여, 현재 위치와 움직임을 파악함으로써, 가까운 미래의 위치를 예측하는 모델을 구성하는 통계적 절차이다. Tracking은 동일 물체에 대한 복수의 관찰 자료를 이용하여 수행할 수 있는데, 이를 Multi Sensor Fusion Tracking이라 한다.

ATC에서 Tracking은 표준적인 감시 활동으로 인식되며, 레이더에 의한다. U-space에서는 Network Identification이 감시 활동의 기본이 될 것이며, Tracking에 의해 물체의 현재 위치가 추정되고 원활한 움직임이 현시되어야 효과적인 감시가 가능할 것이다. 현재까지의 ATC 경험에 의하면, tracking은 인간의 인지를 돕는데, Tactical Conflict Prediction 같은 중요한 서비스에서는 정확한 tracking을 필요로 한다. 특히, 드론 탐지 시스템처럼 상호 연결되지 않은 출처에 의해서 보고된 궤적을 다른 감시나 비행계획과 연관시키기 위하여 tracking이 필요하다.

대체적으로, U-space에서 tracking은 다음과 같은 활용 특성을 갖는다:

- 무인기의 위치보고와 동작을 수신한 USSP가 수행하는 서비스(by the producer)
- 상호 연결된 USSP들이 감시데이터를 교환할 때, 특정 지점에서 공유하는 서비스(centrally)
- USSP가 보고받은 무인기의 위치와 동작을 활용하는 서비스(by the consumer)
- 원격 조종국에 적용되는 절차(downstream of U-space)

Monitoring이나 Tactical Conflict Prediction 서비스는 관찰값보다는 궤적(track)을 필요로 한다. Traffic Information도 관찰값보다 궤적 정보가 더 효과적이며, tracking은 또한, U-space와 드론 탐지 시스템이 협업하는 데도 필요하다.

(3) 감시데이터의 교환(surveillance data exchange)

USSP는 감시데이터 또는 Network Identification 데이터를 다음과 같은 관계자들과 교환하여야 한다:

- U-space 공역에서의 안전운항을 위한 여타 USSP
- 관련된 ATC 서비스 제공기관
- 지명된 단일의 공통정보(common information) 서비스 제공자

U-space는 유인 항공기나 다른 USSP에 의하여 공유되고 있는 무인기 교통정보, 또는 항공교통업무기관과 공유하는 정보를 현시할 수 있어야 한다. 결국, U-space 서비스 제공자는 감시 데이터를 공유하고, 공유되는 감시 데이터를 수용해야 한다.

4 공역관리(airspace management)

국가는 무인기 운항이 규제를 적용하면서, 원활하고, 배타적으로 수행될 수 있는 무인기 Geographical Zones(Geo-zones)를 창출하여 U-space airspace로 지정해야 한다.

(1) 무인기 AIM(drone aeronautical information management)

무인기 AIM은 기존의 AIM을 무인기 분야에 적용한 것으로서, 무인기 "flying map"의 일시적 변화나 영구적 변화를 모두 반영하여야 한다. 서로 다른 출처에서 유래하는[12] UAS Geographic Zones는 잘 변하지 않는 항목 중의 하나이고, 다음과 같은 사항들은 잦은 변화가 예상되는 항목이다:

- Dynamic Airspace Reconfiguration. 통제공역에 인접해 있는 U-space는 ATC 당국이 상황에 따라 경계선을 변경할 수 있다.
- 경찰 당국이 일시적으로 특정 지역에서 비행금지를 요구할 수 있다.

---

12) 예를 들면, 학교 상공에서 무인기 운항을 금지시키기 위해서는 교육부와 지자체가 학교의 지리적 경계를 공표하기 위하여 Drone Aeronautical Information Service를 이용할 것임

무인기 AIM 서비스는 국가 AIM 서비스의 일부로 간주할 수도 있고, 비용이나 운영의 효과를 위해 별도 업무로 분리할 수도 있는데, 무인기 AIM 서비스의 운영은 다음과 같은 업무들과 관련된다:

- 승인된 Geo-zones 창출 기관의 운영 서비스
- 미숙하거나, 일시적인 Geo-zones 창출 기관의 인풋을 점검하거나 돕거나 수집하는 업무
- 기관들이 신뢰할 수 있는 수준으로 시스템에 직접 업데이트할 수 있도록 훈련하거나 인증하는 업무
- 서비스 제공자는 불필요한 비행 제한을 하거나 부주의한 통제 등으로 인한 인풋에 관하여 종종 협상할 필요가 있음
- 전반적 상황을 업데이트하고, 종합하고, 지속적으로 정보가 가용하도록 함

(2) 지리적 인식(geo-awareness)

Geo-awareness는 무인기 운영자나 관련자가 Drone AIS 서비스로부터 수집된 정보에 경각심을 갖도록 하는 것이다.

a. U1 공역

U1 공역의 무인기 공역 책임 당국은 무인기의 geographical zones에 대한 정보를 공통적이고 유니크한 디지털 형태로 제공하여 사용될 수 있도록 할 책임이 있다.

b. U2 공역

U2 공역에서는 geo-awareness 서비스로서, U-space 공역과 관련한 다음과 같은 정보를 무인기 운영자에게 제공하여야 한다:

- 적용되고 있는 운영 조건 및 공역 제한사항
- 무인기 geographical zones
- 공역에 적용되고 있는 임시적 제한사항

USSP는 위의 정보들을 적시에 제공하여 무인기 운영자들이 우발 상황이나 비상상황에 대비할 수 있도록 해야 한다. 또한, 이 정보들의 업데이트된 시간을 포함한 version number, 또는 유효한 timestamp를 포함해야 한다.

c. 공통정보 서비스(common information service)

공통정보는 다음사항을 포함한다:

- U-space 공역과 Geographic zones의 지리적 경계
- U-space 공역과 관련한 기술적, 운영적 제한사항
- 해당 공역 내에서 서비스를 제공하는 USSP 리스트
- ATC로부터 제공받은 교통정보

또한, 공통정보와 Geo-awareness의 차이점은 다음과 같다:

- 공통정보는 모두에게 가용하지만 geo-awareness는 USSP가 자신의 고객에게 제공한다.
- Geo-awareness는 지리적 경계와 geographic zones만 제공하는데, 공통정보는 U-space 공역과 관련된 기술적, 운영적 제한사항을 포함한다.
- U2에서의 geo-awareness 서비스는 공통정보 서비스보다 시간적 적시성과 성능을 강조한다.
- 공통정보는 ATC로부터 생성되는 교통정보를 포함하는데, 이 정보는 비행계획 절차에 사용될 수 있다.

무인기 운영자는 비행로를 결정한 후, 공통정보를 이용하여 비행이 부분적으로 U-space 공역을 지나는지 확인하고, 그 공역의 비행 요건과 그 공역에서 인증받은 USSP를 파악할 수 있다. 공통정보는 U-space infrastructure의 일부가 되며, 정부가 단일의 공통정보 제공기관을 지정하여 단일 접점으로 삼을 수도 있다.

d. 종합(summary)

Geo-awareness 서비스와 공통정보 서비스는 다음의 표와 같이 비교할 수 있다.

Service	Provider	Consumer	Scope
Geo-awareness (U1)	State appointed	Anyone	Nationwide
Common Information Service	Either: State appointed Or: All U-space service providers	Anyone	U-space airspace (1)
Geo-awareness (U2)	U-space service provider	Client of USSP	U-space airspace

(3) 지오펜스 정보교환 서비스

지오펜스 정보교환 서비스는 ATC가 설정한 Dynamic Airspace Reconfiguration의 결과를 소통하는 수단이 된다. 즉, ATC와의 협동적 인터페이스의 일부가 된다.

5 임무관리(mission management)

임무관리는 비행 승인 서비스와 U-plan 진행 절차 관련 서비스를 다루는데, 다음과 같은 사항들이 논의된다.

- 전략적 충돌탐지 서비스
- 전략적 충돌해법 서비스
- 동적인 용량관리 서비스
- vertiport 가용성 서비스
- U-plan 준비와 최적화 서비스
- 환경 데이터 서비스
- 위험분석 서비스

(1) U-plan 준비/최적화(U-plan preparation/optimisation) 서비스

무인기 운영자들은 비행계획을 개발하고, 개발한 비행계획을 승인받기 위한 제출을 위하여 적절한 도구를 이용할 것이다. 이 도구는 USSP가 제공하는 서비스로서, "U-plan Preparation/Optimisation" 서비스라고 불릴 것이다. 이 서비스는 무인기 사용 사업 영역에 따라 상이할 것이며, 무인기 운영자들에게는 매우 유용할 것으로 기대된다.

U-plan Preparation/Optimisation의 지원에는 다양한 서비스가 포함될 것이며, 다음과 같은 지리적 데이터 및 정보를 제공하게 될 것이다.

a. **인구밀도 지도**(population density map)

인구밀도 정보를 수집하여, 관련된 인구밀도 지도가 무인기 운영자들에게 제공되며, 이 지도는 지상 위험을 평가하는 데 사용된다. 인구밀도 측정 방법으로 휴대폰 밀도 등을 사용하여 신뢰도를 유지할 수도 있다.

b. **전자기적 간섭 정보**(electromagnetic interference information)

전자기적 간섭 정보를 수집하여 무인기 운영자들에게 제공한다. 이 서비스를 이용하여 C2 링크의 위험이 존재하는 지역이나, 기타 무선 주파수에 따른 드론의 기능 위험 지역을 보여준다.

c. **항법 커버리지 정보**(navigation coverage information)

가용한 항법 기반시설(예; 지상장비, 또는 위성)에 따른 항법 커버리지 정보를 제공한다. 이 정보는 문제가 있는 지역을 보여주거나, 증강(augmentation)이 가능한 지역을 보여주기도 한다.

d. **통신 커버리지 정보**(communication coverage information)

통신 커버리지 정보는 사용 가능한 통신 인프라에 따라(예: 지상 인프라, 위성기반 통신 등) 특화될 것이다. 이 서비스는 통신을 이용하는 운항을 계획할 때 사용된다. 커버리지는 산출되거나 측정된 모바일 인터넷의 신호 강도 지도(map)가 될 수 있는데, 3G, LTE(4G), 5G 등과 같은 휴대폰 표준에 기반한다.

e. **위험분석 도우미**(risk analysis assistance)

Specific operations의 준비에는 운항에 따르는 위험분석을 위하여 SORA 절차 수행이 요구된다. U-plan 초안이나 드론 AIM 서비스에서 제공되는 정보, 환경 서비스, Traffic information 서비스 등을 이용하여 위험분석을 돕는 서비스가 제공될 수 있다. 위험분석 도우미는 또한, "per flight insurance" 서비스 접근을 제공할 수도 있다.

(2) 비행승인 서비스(flight authorisation service)

운항계획절차의 일부인 비행승인 서비스는 U2 단계부터 적용되는데, 공역의 주체는 U-plan을 접수하여 여러 가지 안전관련 활동에 이용한다. 비행승인은 안전의 중요성 때문에 확실하고 신뢰할 수 있는 방법으로 이행되어야 한다.

비행승인 서비스는 비행계획이 접수되었으나, 아직 기록장치(archive)에 보관되지 않은 모든 U-plan들의 데이터 풀을 유지한다. U-plan은 비행이 끝나거나, 비행 취소가 발생하면 수행된 것으로 간주하여 기록장치(archive)에 보관된다. 풀에 속해 있는 U-plan들은 상업적으로 민감한 사항으로 고려되며, 그 밖의 이유로 통제되므로 풀에 접근하는 것이 제한된다. 비행승인 서비스에 U-plan을 제출하는 것은 드론 운영자를 대리하는 것인데, U-plan 제출을 위해서는 U-plan 준비 및 최적화 도구를 이용하며, 다소간 안전이 확보된 방법으로 제출된다.

비행승인 서비스에 접수된 U-plan의 총합은 "교통량(traffic)"이 되고, U-plan 제출의 영향은 다른 모든 드론 운영자들에게는 교통량 변화로 느껴질 것이다. 비행승인 서비스 풀은 복수의 비행승인 건수를 수집하고, 상업적 비밀 유지를 해야 하므로 풀에는 최소한의 정보만 포함하도록 할 필요가 있다.

비행승인 서비스는 여러 서비스들이 이행되기 위한 시작점 역할을 한다. 다음 사항은 U-plan이 접수되었을 때, 비행승인 서비스가 밟아야 할 단계를 보여준다.

- 구문점검(Syntax check). U-plan으로서 진행하기에 충분한가?
- 의미점검(Semantic check). 모든 필요 정보가 포함되었는가?
- 위 사항들이 적절하다면, U-plan에 고유 식별기호를 생성함
- 등록 서비스를 이용한 승인점검(Authorisation check). 운영자나 조종자 또는 드론이 운항하면 안 되는 이유가 있는지 점검

- U-plan에 제시된 4D 궤적이 신뢰할 수 있는지 점검
- 기상정보 서비스를 이용한 기상 경고. 운항 시간과 장소에 기상경보가 있는지 검토함
- 드론 항공정보 서비스와 4D 궤적을 이용하여 지오펜싱의 고도, 경계선 점검. 4D 궤적에 지오펜싱이 침범되어 있거나, 상응하는 허가가 U-plan에 포함되어 있는지? 접근 조건이 있는 경우 이를 만족하는지?
- ATC와의 절차적 인터페이스가 있는지 점검. 4D 궤적이 통제 공역을 침투하는 경우 ATC와의 절차적 인터페이스가 가동됨
- 전략적 충돌관리 서비스가 실현됨
- 적절한 동적인 용량관리 서비스가 실현됨

아래 그림은 상기의 절차를 flow-chart로 보여주고 있다.

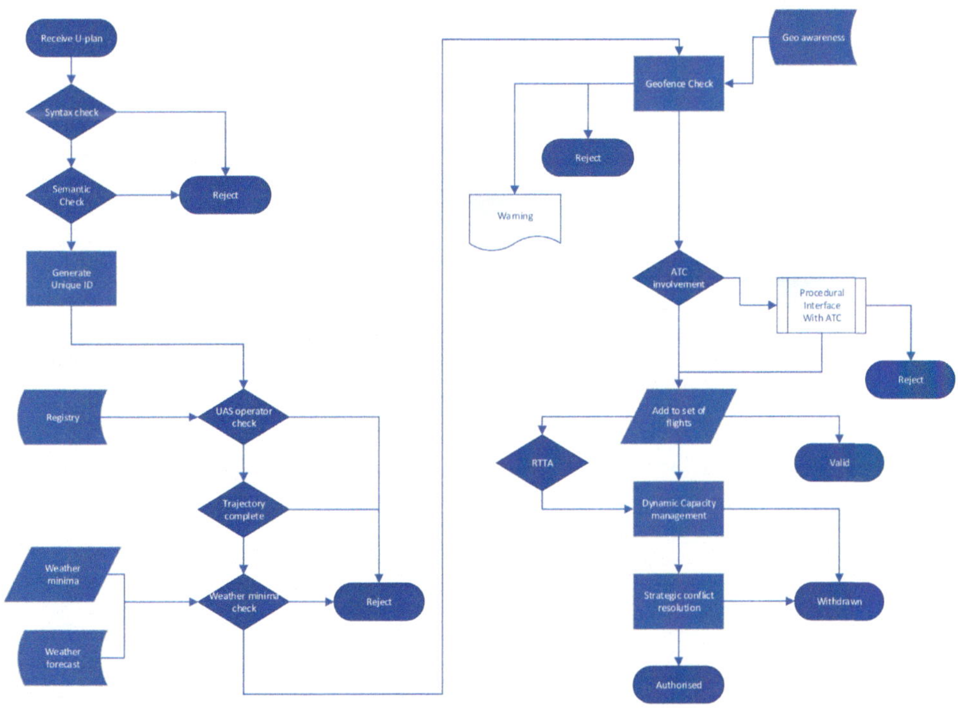

비행승인 절차 수행의 결과는 다음과 같은 두 가지 중 하나로 결정될 것이다. 첫째, 고유 식별기호를 포함한 U-plan을 필요한 조건과 함께 수용하는 것이다(예: ATC와의 절차적 인터페이스 조건). 둘째, 수용하지 못하는 경우는 수용불가능 조건에 대한 설명을 통보하는 것이다.

비행승인 서비스는 U-plan을 점검은 하였으나, 제출되지 못하여 운항편에 추가되지 못하는 경우, 확인 모드를 제공한다. 확인 모드는 위험평가 절차나 최적화 절차를 지원하는데, ATC와의 절차적 인터페이스와 같은 일부 절차는 이 모드에서는 완전하게 수행되지 않을 수도 있다.

U-plan이 비행승인 서비스에 의하여 일단 수용되면, 운영자는 아래와 같은 추가 메시지를 보낼 수도 있다:

- U-plan 취소
- U-plan 변경
- U-plan의 현재 상황에 대한 질의

추가적으로, 운영자는 자신이 제출한 모든 U-plan에 대해 현재 상황에 대한 리스트를 얻기 위한 서비스 질의를 할 수도 있다.

U-plan의 현재 상황은 U-plan이 수용된 이후에도 다음과 같은 사유로 변경될 수도 있다.

- 공역구조 변화
- 다른 U-plan과의 충돌
- 수요가 용량을 초과하고, 해당 U-plan이 수요 감소 대책에 포함되는 경우

위와 같은 이벤트가 발생하면, 비행승인 서비스는 운영자에게 직접 통보해야 하고, U-plan의 상태도 변경해야 한다. U-plan 상태는 U-plan이 실행되는 시점에 변경되고, 비행 종결이 접수된 때에도 변경된다.

아래의 표는 비행승인 서비스에 포함되는 여러 가지 상호 조치들을 정리한 것이다.

Role / Node	Action	notes
Drone operator representative	Submits U-plans, changes, cancellations Activates and terminates U-plans Receives positive or negative acknowledgements Queries U-plans or status Receives status change warnings	May use an U-plan preparation/optimisation service or tool.
Aeronautical Information Service (may be supplied via Common Information Service)	Supplies aeronautical publications Supplies NOTAMs	This service and these publications already exist for the benefit of existing aviation.
Drone Aeronautical Information Service (Common Information Service)	Supplies X, Y, Z volumes and other drone specific information	
Registration service	Confirms the validity of the operator, any pilot training, the type of drone mentioned in any plan	
Weather Information service	Supplies weather forecasts and warnings	
Procedural interface with ATC	Triggers a coordination for a flight to penetrate a controlled area.	
Strategic Conflict Prediction service Strategic Conflict Resolution service	Detects and resolves conflicts before flight May trigger a state change	
Dynamic Capacity Management service	Detects and resolves demand and capacity imbalances May trigger a state change	
Network identification service	Queries U-plans, U-plan identifiers and U-plan states Creates/feeds/destroys flight surveillance session(s) associated with a U-plan	
Monitoring service Including Conformance Monitoring service	Retrieves a plan Updates the current position of a plan Signals non-conformance, which may change the state of a plan	

a. U-plan 진행 서비스(U-plan processing service)

일단, U-plan이 활성화되면 U-plan 진행 서비스는 U-plan을 감시데이터 스트림에 연결시켜서, 불확실성을 줄이도록 하는데, 준수 감시(Conformance Monitoring), 비행 중 충돌예측(Tactical Conflict Prediction) 등에 활용되며, 드론 감시 시스템과 서비스를 교환할 수도 있을 것이다.

b. 전략적 충돌 예측(strategic conflict prediction)

전략적 충돌 예측 서비스는 비행이 개시되기 전에, 비행승인 단계에서 활성화될 수도 있다.

- 4D Tragectory

  U-plan의 4D 궤적은 하나 또는 복수의 4차원 볼륨으로 이루어진다. 각 볼륨은 3차원 공간이 되며 각 볼륨의 진입시간과 이탈 시간이 주어짐으로써 4차원이 되는 것이다. UAS 비행 궤적은 두 개의 기본적 비행모드를 갖는 것으로 간주된다. 즉, 들판에서 곡식을 촬영하는 사례처럼 특정 지역에서 활동하거나, 다른 곳으로 이동하는 임무를 수행하는 경우이다. 이러한 상황은 볼륨이 상당 기간 동안 점유되거나, 짧게 지나치는 것으로 표현될 것이다.(아래 그림 참조)

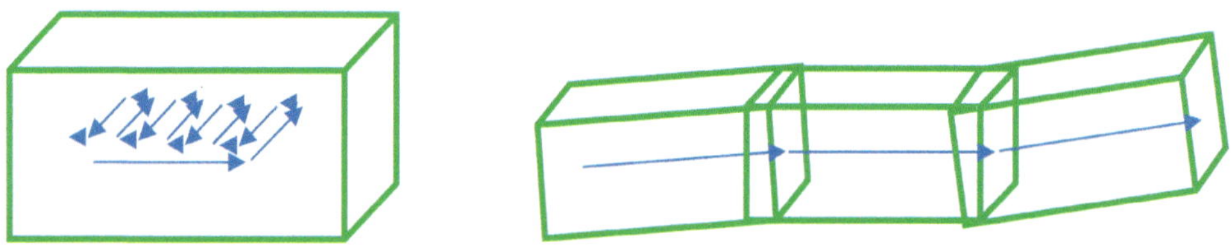

(UAS 운영자가 U-plan을 통해서 제출한 4D 궤적은 위 그림의 초록색으로 표시된 볼륨들로만 구성되고 푸른색 선은 독자들의 이해를 돕기 위한 것임)

U-plan은 선형(linear) 또는 지역기반(area based) 볼륨 중 하나로 표시되거나 두 가지를 다 활용하여 표현할 수도 있다. 각각의 4D 볼륨은 해당 비행 세그먼트의 불확실성을 표현하고 있는데, 불확실성의 원천은 다음과 같다:

- 항공기의 능력(예: 회전반경), 기상예보의 기대 영향
- 항법 기술의 비정밀성
- 이륙 시간의 범위. 각 볼륨은 가장 빠른 진입시간과 가장 늦은 이탈 시간을 표현하므로, 볼륨은 시간적으로 겹칠 수 있어서, 비행은 하나 이상의 볼륨에 존재할 수도 있음

볼륨에 표현된 불확실성은 95% 경계값을 갖는다. 즉, 항공기의 확률적 위치는 모종의 분포에 따를 것인데, Shinuke의 "Aircraft Collision Models"를 참조하기 바란다.

UAS 궤적은 박스나 코리도 형태가 된다. 박스는 지역 기반이고, 코리도는 선형 궤적이 된다. 이 운영개념서(ConOps)에서는 선형 궤적을 코리도로 보지 않고, 일련의 볼륨으로 구성되는 것으로 보는데, 이는 공역 활용을 더욱 효율적으로 할 수 있기 때문이다. 특정 시점에, 볼륨에서 항공기가 이탈했거나, 아직 진입하지 않은 볼륨은 점유되지 않은 것으로 간주할 수 있어서, 가용한 볼륨이 된다. 반면에 코리도 모델은 항공기가 비행하는 동안은 전체 코리도가 점유된 것으로 간주하기 때문에 비효율적이라 할 수 있다. 따라서, 연속된 4D 볼륨은 접하거나 중첩되어야 비행이 진행될 수 있다.

정부의 공역 관리 책임당국은 각 공역에 대한 4D 궤적에 있는 볼륨들의 최소/최대 크기를 규정해주어야 한다. 가장 빠른 진입시간과 가장 늦은 이탈시간의 범위가 공역 이용 효율성의 제한요건이 될 것이다. 예를 들어, 초속 20m로 비행하는 드론의 이륙시간이 ±30초이라면, 드론의 현재 위치의 불확실성은 1.2km 길이로 표현될 것이며, ±1분을 허용하려면 2.4km가 될 것이다.

- **궤적 간의 충돌 탐지(detecting conflict between trajectories)**

UAS 운영자가 제출한 4D 궤적은 Deviation Threashold를 참조하여 확장되어야 한다. Deviation Threashold의 크기는 정부 책임당국에 의하여 결정되며, 각 공역마다 다르게 특정된다. 충돌방지 조치는 4D 궤적에 Deviation Threashold를 더하여 고려한다. 반면에 Conformance Monitoring은 4D 궤적만 반영한다. 아래 그림은 Deviation Threashold 개념을 2차원 다이어그램으로 보여주고 있다. Deconfliction은 Deviation Threashold로 확장된 범위의 공간들이 겹치지 않아야 하고 시간적으로도 중첩이 없어야 한다.

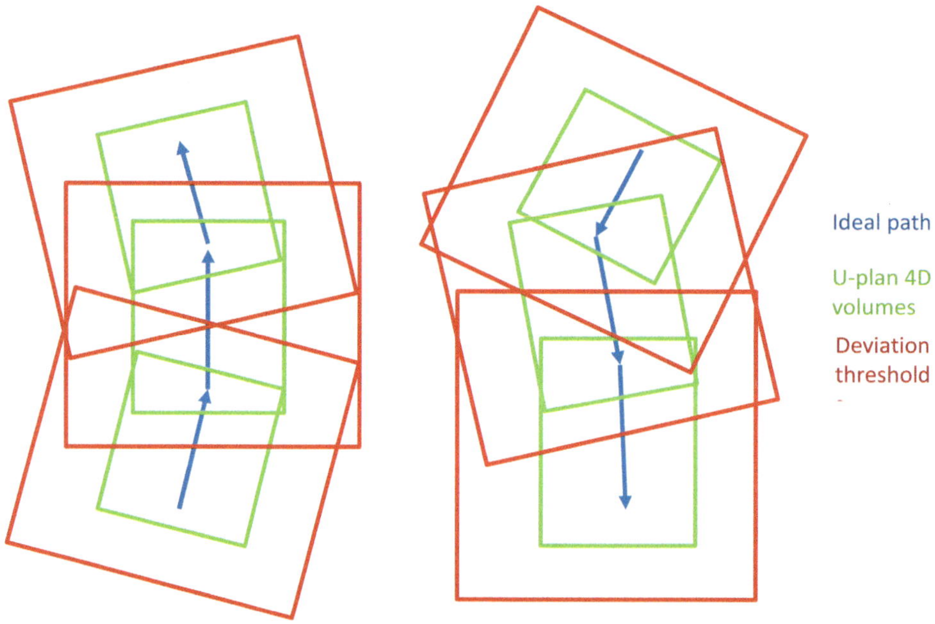

현재, UAS 운영자들은 비행에 대한 상세한 묘사를 상업적으로 민감한 사안으로 간주하고 있다. 따라서, ASTM의 "Standard Specification"은 USSP들이 상호운용을 하면서 어떻게 최소한의 정보만 노출할지 규정하고 있다.

c. **전략적 충돌해법**(strategic conflict resolution)

전략적 충돌해법은 충돌하는 한 쌍의 궤적 중 하나를 변경함으로써, 궤적 교차가 없도록 하는 것이다. 즉, 전략적 충돌해법은 제출된 계획들 간의 non-conflicting 대안들을 탐색하는 것이다. 탐색 방법 및 절차는 표준적인 receipes 집합으로부터 자동적으로 생성된 변경을 적용하고, 결과를 테스트(예: 이륙지연)하여 문제를 해결하되, 다른 문제를 유발하지 않는 해법을 찾는 것이다. 이 해법은 운영자에게 제안되고 운영자는 재제출 또는 변경하기 전에 이 해법으로 비행계획을 개선할 수 있을 것이다. ASTM은 두 USSP가 동일한 cell에 관심을 갖게 되면, 서로 접촉하여 협상하도록 제안한다. EU 규정은 동일한 우선권을 갖는 비행의 경우는 먼저 승인된 계획이 우선하며, 우선권이 차별되는 경우는 상위 우선권을 갖는 비행편이 채택되며, 기각된 비행은 계획을 변경할 필요가 있음을 의미한다.

d. **전략적 충돌해법의 공정성**

두 개의 비행계획이 충돌하는 경우, 그중 하나의 계획을 변경함으로써 충돌을 해결한다. 이 변경은 패널티로 인식된다. 왜냐하면, 운영자들은 자신들의 업무수행에 최적화된 비행계획을 제출했기 때문에 비행계획을 변경한다는 것은 업무 최적화에서 어느 정도 이탈될 것이기 때문이다. 이러한 "first to file" 우선권 규정은 조기에 비행계획을 제출할 수 없는 형태의 운항(예: 식품 배송과 같은 on demand 서비스)이 피해를 입게 된다. 전략적 충돌해법의 공정성 확보의 필요성이 제기되고 연구가 필요하다.

e. **동태적 용량관리**(dynamic capacity management)

동태적 용량관리는 수요와 용량을 맞추는 것을 목표로 하는데, 수요를 규제해서 용량에 맞출 수도 있고 수요에 맞추어 용량을 변화시킬 수도 있을 것이다. U3에서는 Z 공역에서 비행 중 충돌해법이 도입될 것인데, 이 기법의 신뢰수준이 특정 볼륨에서의 비행 횟수를 제한하는 동태적 용량관리 업무에 영향을 줄 것이다.

- Inner working

공역이 "saturated"될 미래 시점을 예측하는 절차가 필요할 것이다. 아직 구체적 절차가 개발된 것은 아니지만, 수요 증가로, 항공기의 안전한 분리가 어려워지거나 사회적 수용성(예: 소음)이 한계에 다다르게 될 확률과 연관될 것이다.

공역이 "saturated" 되는 문제가 발생하면, 비행편의 지연이나, 용량이 꽉 찬 항로를 피하기 위한 변경 등이 제안될 것이며, 다음 사항이 발생될 수도 있다:

• 우선 순위가 높은 비행은 가능한 한 방해없이 수행
• 고순위 비행편 이외의 모든 비행편에 대해서는, 공역 용량이 부족한 경우, RTTA 이후에 제출된 비행계획은 첫 번째 변경 대상이 된다. 그래도 용량 부족 문제가 해결되지 않는 경우는 가장 큰 충돌 위험을 야기하는 하위 우선권 비행을 검토하여, 제거함으로써 공역의 위험을 최대한 감소시킨다.
• 상기의 방법으로도 문제해결이 불가능한 경우는, 모든 U-plan을 대상으로 하위 우선권 비행부터 순차적으로 문제가 해결될 때까지 변경을 제안한다.

- 발동(invocation)

U3 단계부터는 동태적 용량관리(dynamic capacity management) 서비스가 예견된다. 동태적 용량관리는 비행승인 서비스에 의하여 발동된다. 이 서비스는 필요할 때만 발동되며, 비행승인 서비스에 의하여 산출된 확률적 4D 모델을 이용한다.

- **수요에 상응하는 용량 조절(modulating capacity)**

수요에 대응하여 용량을 변경시키는 방안이 여러 가지로 가능하다;

- 교통량이 특정한 한 지역으로 집중되고 다른 지역은 한산한 경우(예: 소음 저감 등), 교통량 조직화 체제를 설정하여, 일정한 수준의 교통량이 되면, 비사용 공역을 사용하도록 하는 것이다.

- 예측이나 "hotspots" 경험에 의하여, 교통량 조직화 체제를 수정하는 것이다.(예: 일방통행 시스템이나 속도 제한 지역을 설정하는 등 보다 많은 동질의 교통을 생성하도록 함)
- 장기적 경향을 파악하여 관련된 볼륨에 대한 기술적 요건 변화를 유도하는 것이다. 예를 들면, 높은 수준의 정밀 추적이나 항법은 분리 간격을 축소하여, 보다 많은 교통량을 수용할 수 있도록 할 것이다.

f. 비행허가 상태(flight authorisation states)

U-plan은 몇 단계의 절차를 거쳐야 하는데 단계별로 상이한 관련자들이 그들의 관심 사항에 따라 상이하게 U-plan 상태를 파악할 것이다:

① 초안(draft) : 사업적 필요에 의해 U-plan이 개발됨
② 승인(approved) : U-plan이 제출되고, 전략적 충돌분리 등이 수행됨. 공역이나 vertiport와 같은 자원이 할당됨
③ 활성화(active) : 추적, 비상관리 등, 비행 서비스가 수행됨
④ 종결(비행의 종결)

상기의 단계 이외에도 몇 단계가 추가될 수 있다. 비행이 승인되었으나, 상위 우선권 비행과 충돌 때문에 비행이 취소될 수도 있다. 또한, 비행이 이미 시작되었으나, 상황 변화에 따라 안전에 문제가 발생해 우발절차(contingency procedures)를 수행해야 하므로 원래 비행계획대로 비행하지 못할 수도 있다.

6 비행 중 충돌(tactical conflicts) 관련 서비스

비행 중 충돌예측이나 충돌해법은 비행 중 변경을 유발하는 상황이다. 이러한 이행은 조언 서비스나 시스템 지시에 의해 이루어진다. 비행 중 충돌 해법 서비스는 지상에서 수행되는 경우만 포함하고, 항공기에게 주어진 성능으로

해결되는 것은 제외한다. 즉, "detect and avoid"나 "sense and avoid" 등으로 알려진, 비행 중 항공기와 항공기 간의 시스템 기능에 의한 충돌회피는 비행 중 충돌회피 해법이 없는 경우나 비행 중 충돌회피 방법 적용 이후에 안전망으로 사용될 수는 있으나, 비행 중 충돌 관련 서비스로 간주하지는 않는다.

(1) 비행 중 충돌예측(tactical conflict prediction)

비행 중 충돌예측 서비스는 항공기의 위치가 알려지고, 사용하고 있는 공역 볼륨에서 빈번하게 업데이트되며, 위치의 정밀도가 신뢰할 수 있어야 가능하다. 비행 중 충돌예측 서비스는 모든 항공기들의 공통 기준 고도를 제공할 수 있도록, 수직적 경고 및 정보 서비스, 추적 서비스 등과 밀접하게 연결되어 있어야 한다. 이 서비스는 U-plan 처리 절차로부터 획득한 데이터들을 고려하고, 현재의 움직임과 의도에 근거하여 충돌을 예측하여, 운영자나 조종자 또는 USSP에 경보를 제공해야 한다.

비행 중 충돌예측은 두 대의 항공기가 너무 근접하거나 분리 유지를 상실하는 상황의 예측이다. 예측된 항공기의 위치와 동작은 제한적 정확성을 갖는 이전 관찰값에 근거하여 현재나 미래의 동작에 대한, 근사치 모델을 이용하기 때문에, 불확실성이 존재한다. 항공기 위치 불확실성 함수에서, 분리 유지가 상실되면 항공기의 산출된 위치 주변의 볼륨 내에 존재할 것으로 예측한다. (아래 그림의 NMAC(Near Mid Air Collision 참조)

그림에서 NMAC 볼륨은 충돌회피 경계값을 표시하는 세 개의 커다란 볼륨에 둘러싸여 있다. 충돌회피 경계값(Collision Avoidance threashold)에서는, 항공기에 탑재된 충돌회피 시스템이 작동된다. 분리 경계값(separation threashold)에서는 전략적, 비행 중 충돌 탐지와 해법 서비스로 보호하고, 비행 중 충돌 경계값(tactical conflict threashold)에서는 비행 중 충돌탐지 해법을 작동시킨다.

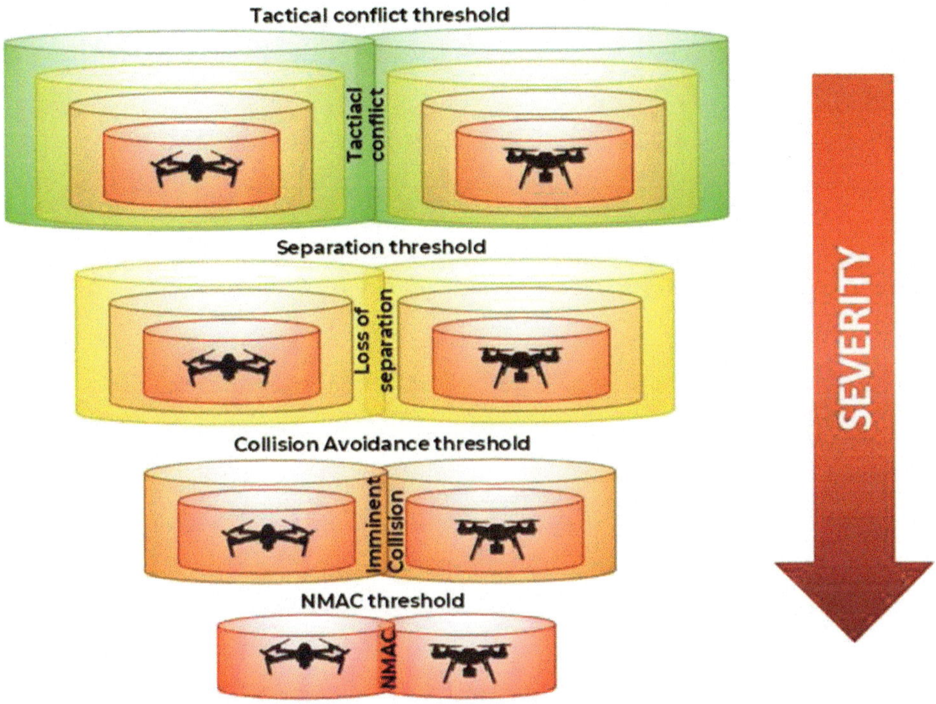

(2) 비행 중 충돌 해법(tactical conflict resolution)

비행 중 충돌예측 서비스로부터 충돌 경고가 접수되면, 비행 중 충돌 해법이 발효되는데, Z_z 공역에서는 조언(Advice)형태로, Z_u 공역에서는 충돌 회피에 필요한 지시형태(Instruction: 속도변경, 방향수정, 고도수정 등)로 주어진다. 이러한 조언이나 지시는 조종자(또는 조종시스템)에게 신속하고 신뢰있게 전달되어야 한다. 비행 중 충돌예측과 해결 서비스는 관련되는 각 항공기의 특성이나 비행범위(flight envelope)의 모델을 활용하면 보다 효과적으로 작용할 수 있을 것이다. 또한, U-plan에 드러난 비행 의도를 상기하면 추가적인 효율성을 얻을 수 있을 것이다. 비행 중 충돌 해법 서비스는 추적(tracking) 서비스, 비행승인 서비스, 드론 AIM의 client라 할 수 있다.

7 버티포트 가용성 서비스(vertiport availability service)

무인기가 우발사태 시 사용할 수 있는 버티포트에 사태가 발생한 순간에 착륙 가능한지 여부, 즉, 비상 착륙대로 사용될 수 있는 버티포트의 가용성을 계획단계에 보장해줄 수는 없다. 버티포트 가용성 서비스는 무인기 운영자에게 어떤 버티포트의 FATO가 요청 시간에 가용한지, 또는 점유되었는지에 관한 정보를 제공하는 것이다.

버티포트 가용성 서비스는 계획적 서비스(planning service)로서, 버티포트의 사용이란 계약적 조치를 의미하며, 착륙(도착절차, 우발절차, 기술적 조건 등을 포함)을 허락하는 합의계약이다. 이상적으로 말하자면, 버티포트 가용성 서비스는 이러한 거래를 지원하는 것이다.

8 기상정보

기상정보 서비스는 무인기 운항에 필수적이므로, 관련 기상정보가 수집되고, 드론 운영에 제공되어야 한다. 기상정보 서비스 당국이 초국지적(hyperlocal) 기상정보를 확보할 수 있고, 무인기 운영자의 요청이 있는 경우 초국지적 기상정보도 제공해준다.

기상정보는 감항성(air worthiness) 결정에 사용될 수도 있다. 즉, 개별 항공기가 예측된 바람의 영향이 감항성 기준에 초과되는지, 또는, 시정이 임무 최소치에 못 미치는지 등을 결정하는 데 사용될 수 있다.

9 지리정보 서비스(GIS: geographical information service)

GIS는 비행계획에 사용될 수 있도록 지형과 장애물에 관한 3D 모델을 제공하고, 비행 중에 사용할 수 있도록 지속적으로 업데이트한다. GIS는 Geospatial

Information(GI)까지 확장하여 제공한다. 데이터의 출처는 지상 장애물 데이터베이스와 결합된 digital surface models를 포함하거나, 장애물의 직접적인 지도를 포함할 수 있다. 지도 자료의 품질은 서비스 제공자가 확실하게 유지하고 공표하여야 한다.

10 모니터링(monitoring)

모니터링 서비스는 데이터 품질 유지 요건에 맞도록 해야 하는데, 추적(tracking) 서비스로부터 무인기 위치 데이터를 추출하여 다음과 같은 관련 정보들과 결합한다:

- Conformance Monitoring을 위해 U-plan 절차 서비스로부터 얻은 비행계획
- 수직적 경보(Vertical Alert)와 정보서비스(Information Service) 제공을 위해서 GIS로부터 획득한 장애물들
- 정부 책임 당국과, 서비스 제공자, 운영자(조종자 포함)에게 air situation status report를 제공하기 위해서, Traffic Information에서 추출한 타 항공기 정보
- geo-awreness compliance monitoring과 경보를 제공하기 위해서 Geo-awareness service로부터 획득한 지오펜스들(geofences)
- weather limit compliance monitoring을 제공하기 위해서 Weather Information 서비스에서 획득한 기상정보

모니터링 서비스에서 제공되는 경보는 모든 드론 운영자들에게 통용되는 방법으로 전파되어야 하는데, 오디오 경보가 선호된다. 모니터링은 Tracking과 드론 AIS 및 다른 환경적 서비스의 client이다.

11 법적 기록(legal recording)

법적 기록의 목적은 사건/사고 조사를 지원하기 위한 것이다. 이 서비스는 U-space의 모든 inputs을 기록하고 어떤 순간에 대해서도 시스템의 전반적 상태를 결정할 수 있도록 해야 한다. 법적 기록의 2차적 사용은 연구와 훈련의 기초로 활용하는 것이다. 또한, 전용 알고리즘(예: AI 기반)에 의한 법적 기록 데이터의 사후적 처리에 의하여 고위험 상황을 식별하고, 미래 운항의 위험평가를 위한 변수를 조정할 수 있다.

드론 운영자들의 상업적 민감성 관점에 의하여 기록물에 대한 접근은 제한될 것이다.

12 비상관리(emergency management)

U-space의 비상관리는 두 가지 측면을 갖는다:

- 드론이 비상 상황일 때, 드론 조종자 지원
- 다음과 같은 관련자들에 대한 비상정보 소통
  - 영향받는 드론의 조종자들
  - 유인항공 및 ATS
  - 경찰, 군 당국 등

조종자 지원은 다음 사항을 포함한다.

- 비상사태 보고를 가능하게 함
- 비상상황의 탐지와 경각심 유발
- 위험을 최소화하기 위한 조치의 제안
- 우발계획이나 비상대응 계획의 상기

비상관리 서비스는 "현재운항(current operation)"을 설명해주어야 할 필요가 있고, 조종자는 자신의 드론이나 드론 U-plan을 식별할 필요가 있다. 만일 드론이 위치보고 제출 서비스를 사용하지 않는 경우에는, 조종자가 'log on'할 때 비행의 위치를 알려줄 필요가 있다. 드론 조종자에게 소통한 비상 상황들은 그 상황이 그들의 운항에 근접하고 있어서 위험을 유발한다는 의미를 갖는다.

비상관리 통신 채널은 드론 조종자가 늘 모니터하고 있어야 하고, 이 서비스의 제공에는 인적요인이 고려되어야 한다; 이 채널은 대부분의 시간에는 비활성화 상태이다가, 비상 상황 동안에 활성화되면서, 조종자에게 스트레스를 유발할 것이다. 비상 통신 채널이 조종자에게 유관한 정보만 제공할 수 있도록 필터링할 수 있다면, U-space 서비스의 가치가 향상될 것이다.

비상관리 서비스는 추적(tracking), 모니터링, U-plan 처리 등에서 생성되는 정보를 사용하게 된다. 만일 U-plan이 있는 비행이라면, 비상관리 서비스는 즉시적 영향이 있는 지오펜스(geo-fence-with-immediate-effect)를 생성해서, 현재의 비행에 영향을 주는 경우, 해당 조종자에게 경고하여야 한다.

13 사건/사고 보고(incident/accident reporting)

사건/사고 보고 서비스는 U-space의 필수 요건으로서, 드론 운영자 등이 사건/사고를 보고할 수 있게 해준다. 보고서는 드론 식별부호(identifiers)와 U-plan 식별부호(U-plan identifier)를 포함하도록 하여, 추후의 조사에 도움을 줄 수 있도록 한다. 보고서는 전 기간에 유지되며, 인가된 사람만 보고서에 접근할 수 있도록 보호한다. 사건/사고 보고 서비스는 법적 기록 서비스의 고객이고 간접적으로는 U-space 모든 부분에 고객이 된다. 비상관리 서비스와 사건/사고조사 보고서 서비스 간에 모종의 연결이 있을 수 있는데, 예를 들면, 어떤 비상사건은 자동으로 사건/사고 보고서 생성을 개시하도록 할 수 있다.

U-space는 또한, 일반 시민들이 드론 사건/사고라고 믿는 것을 관찰한 경우

보고할 수 있도록 해야 하며, 사용자 인터페이스는 관련 비행편을 식별하기에 충분한 정보 보고를 할 수 있도록 설계되어야 한다.

14 교통정보(traffic information)

교통정보 서비스는 드론 운영자나 조종자에게 충돌의 위험성이 있어서 관심을 가져야 할 다른 유인, 무인 비행체에 관한 정보를 제공한다. 교통정보는 또한, "air situation"도 제공한다. 그런데 드론 비행 정보에는 상업적 민감성이 있을 수 있어서, air situation 표현이 제한될 수도 있다. air situation display는 사용자들에게 image를 제공하는데, 궤적(tracks)은 감시 데이터 서비스를 통하여 U-space와 ATM 간에 공유될 것으로 예상된다. 교통정보는 수신자에게 의미있는 정보를 제시하기 위하여 가능한 경우, Vertical Conversion Service를 적용하게 될 것이다.

교통정보 서비스는 또한, 어느 지점에 대해서든 가까운 미래에 예상되는 교통밀도 정보에 접근할 수 있도록 해주는데, 이는 제출된 U-plan에 의해서 산출된다.

15 기반시설 모니터링(infrastructure mointoring)

(1) 항법 기반시설(navigation infrastructure) 모니터링

항법 기반시설의 최신 상태 정보를 제공한다. 이 정보는 비행 전이나 비행 중에 이용되며, 항법 정확성을 상실하는 경우, 경보를 주어야 한다. 특히, GNSS 서비스는 EDAS(Egnos Data Access Service)나 Reference Stations database로부터 데이터를 추출하며, USSP가 제공하는 U-space Tracking과 Monitoring 서비스로부터도 데이터를 추출하는데, 이때는 USSP API를 이용한다. 모든 소요 데이터가 획득되면 이 서비스는 GNSS 신호 모니터링, PVT(Position Velocity and Time), 완결성 산출(Integrity calculation) 정보를 제공한다.

이 서비스는 또한, 보강(augmentation) 서비스에 의한 수정 정보를 전파할 수도 있는데, 적절한 경우에는 RTK(real time kinetice) 보강 수정 정보도 전파된다.

(2) 통신 기반시설(communication infrastructure) 모니터링

통신 기반시설의 최신 상태 정보를 제공한다. 이 서비스도 비행 전이나 비행 중에 이용된다. 통신 기반시설이 악화되는 경우, 경보를 제공해야 한다.

16 디지털 로그북(digital logbook)

디지털 로그북 서비스는 법적 기록물에서 정보를 추출하여 사용자들을 위한 보고서를 생산하는데, 사용자들은 자신들의 정보에만 접근할 수 있다. 무인기 운영자와 조종자들은 자신들과 관련된 비행의 개략정보(summaries: 비행시작 시간, 종료시간, 장소, 항공기 id 등)를 볼 수 있다.

드론 조종자들은 자신들의 비행 경력, 통계 등을 볼 수도 있다. 드론 운영자들 역시, 자신들의 항공기의 비행 경력, 통계 등을 볼 수도 있다.

디지털 로그북 서비스는 보안 상태로 이행되어야 하고, 다양한 질의 기능이 가능해야 한다. 사고조사관이나 경찰 등 관련 당국자들은 모든 데이터에 대한 일반적 접근이 허용될 수 있다.

17 ATC와의 절차적 인터페이스(procedural interface with ATC)

ATC와의 절차적 인터페이스는 무인기가 통제공역에 들어갈 수 있도록 하기 위한 메커니즘이다. ATC 인터페이스는 비행 전에 작동해야 하므로, U-plan 절차 서비스가 출발점이 된다:

- ATC는 비행을 수용할 수도 있고 거절할 수도 있다.
- ATC는 필수 요건과 따라야 할 절차를 제시할 수 있다.

(1) Dynamic Airspace Reconfiguration(DAR) 서비스

중장기적으로는 통제 공역에서도 무인기의 숫자가 유인 항공기보다 훨씬 더 많을 것으로 가정하고 있다(10:1의 비율). 따라서, 무인기와 유인기가 공존하는 공역(Y 볼륨)에서 고밀도 무인기를 관리하는 서비스가 필요할 것이다. 이 서비스는 저고도 통제공역에서 협조적으로 운항하는 알려진 교통 환경에서 적용 가능하다. 유인기와 무인기의 상호 작용이 다량으로 발생하고, 인터페이스와 서비스 사용이 극대화되는 운영환경의 공역이 예상되므로 이러한 서비스가 필요하다. 이 상황은 A-D등급의 공역과 모든 교통량이 전자적으로 현시되는 E등급 공역에 해당한다.

상술하면, DAR(Dynamic Airspace Reconfiguration)이라는 절차를 통하여 유인기 운영이나, 무인기 운영에 공역 일부를 위임함으로써, 운영적 통합이 가능해지는 것이다. 부분적으로는 전통적인 공역 구분 형식과 유사하지만, 전통적 공역 구분 개념에서 벗어나 분리에 가까운 개념에 근접한 측면도 있는 것이다.

- 다량의 무인기가 일부 통제 공역에 접근할 수 있도록 하는데, 전통적 구분(segregation)보다는 무인기가 운항할 수 있는 공역 용량이 증가된다. (전통적 구분은 무인기를 구체적 지역이나 코리도에 국한시키기 때문에 무인기가 사용할 수 있는 공역이 제한된다.)

- 섬세하고 정확한 DAR은, 사전에 정의되는 커다란 공역 구분 블록 체제보다 통제공역에서 유인기와 무인기의 혼합 운영의 활용성을 개선한다.
- 매우 동태적이고, 수요 대응적으로 공역을 전략적, 전술적으로 재조정(reconfiguration)한다. 전통적인 지역 구분 방식과 달리, 이 방법은 공역에서의 수요 변화에 거의 실시간으로 대응할 수 있다.

ATC는 유인기/무인기 교통수요에 따라, 통제공역의 일부를 U-space 서비스가 관리할 수 있도록 위임하면서, DAR을 관리한다.

- 통제공역 중에서 ATC가 통제하는 공역을 'blue' 볼륨이라 칭한다. 예를 들면, 통제공역 내에 사전에 정의된 blue 볼륨이 있을 수 있는데, 유인기의 SIDs(Standard Instrument Departure Routes)와 STAR(Standard Terminal Arrival Routes)가 이에 속한다.
- 통제공역 중에서 ATC가 U-space에게 관리를 위임한 공역을 'orange' 볼륨이라 칭한다. 예를 들면, 통제공역 내에 공항 주변이 아니거나 위험한 장애물이 없고, 유인기 항로가 아닌 공역이 이에 해당된다.

'orange' 볼륨은 무인기 운항이 항로 밖으로 나가는 것을 방지하고, ATC가 통제하는 'blue' 볼륨을 침범하는 것을 방지하기 위해 'geo-caged'로 유지한다. blue와 orange 볼륨 사이에는 안전 버퍼가 존재한다.

유인기가 U-space에 위임된 공역에서 비행하기를 요청하거나, 무인기가 ATC가 통제하는 공역에서 운항하기를 요청할 때는, DAR을 이행하는 ATC가 처리를 담당하는데, 가능하면 공역 구조를 변환하여 요청된 운항이 수행될 수 있도록 해주며, 이는 비행 중 또는 사전적 방법으로 이행될 수 있다.

결국, 통제공역(CTA) 내에서 유인기 운항은 항상 blue 볼륨에서 이루어지고 무인기 운항은 orange 볼륨에서 이루어지게 된다.

ATC는 CTA 내의 모든 무인기 운항에 대하여 모니터링을 수행하지 않고, orange 공역에서는 USSP가 모니터링 책임을 맡도록 한다. 결국, ATC는 유인기 운항에 직접적인 영향력을 갖는 무인기 운항만 모니터링한다.

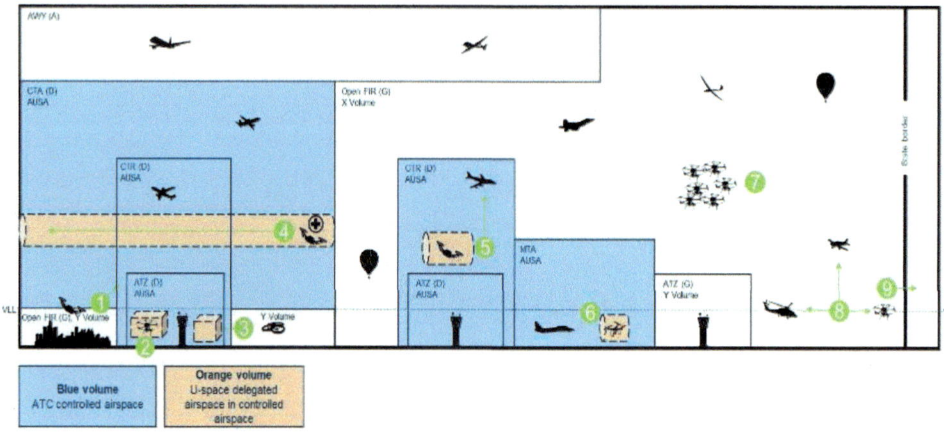

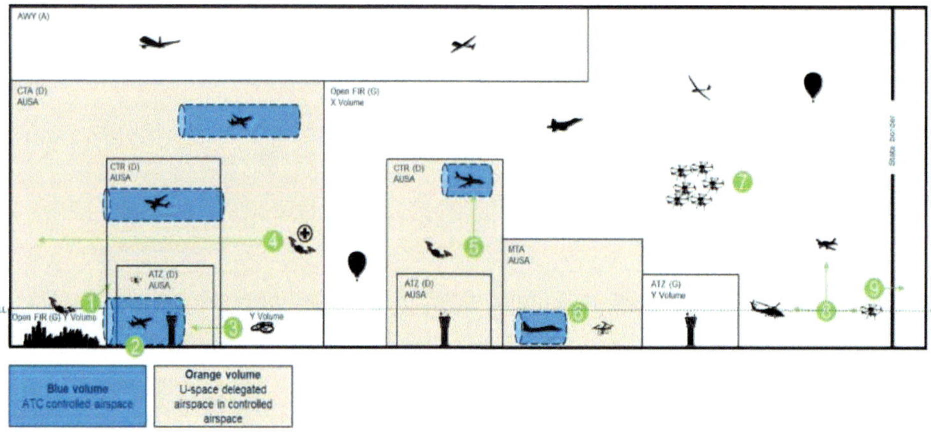

18 ATC와의 협조적 인터페이스(collaborative interface with ATC)

ATC와의 협조적 인터페이스는 U3단계 공역에 적용되며, ATC와 U-space 간에 통신을 제공하는 서비스이거나, ATC와 드론 운영 대리자(원격 조종자 등), 혹은 드론 그 자체(자율 비행 드론의 경우)와의 통신을 제공하기도 하고, 경우에 따라서는 ATC와 USSP의 통신을 제공한다. ATC와의 인터페이스는 드론이 통제공역에 근접하거나 통제공역 내에 있을 때 사용된다. 조종자와의 통신은 음성,

문자, 그래픽을 이용할 수 있고, U-space와는 데이터 교환 방식을 이용할 수 있다. 협조적 인터페이스는 비행체가 지시나 허가를 표준적이고 효율적인 방법으로 수신할 수 있도록 해주며, 간헐적인 대처 방법을 대신할 것이다.

ATC와의 절차적 인터페이스는 통제공역에 진입하기 위한 승인을 얻는 정상적 방법이다. ATC는 비행 수용을 거절할 수 있으나, 협조적 인터페이스가 승인을 회피하기 위한 수단은 아니다.

ATC와의 협조적 인터페이스는 통신을 제공할 뿐만 아니라, ATC가 U-space 감시데이터에 접근할 수 있도록 함으로써, 안전운항에 기여한다. 또한, ATC와 U-space 간에 운항정보 메시지를 교환하기 위한 정보교환 서비스도 필요할 것이다.

19 Vertical Conversion Service(VCS)

VCS는 GAMZ(Geodetic Altitude Mandatory Zones)에 존재하는 유인기와 무인기에게 기압고도와 측지기준계 고도의 고도 전환을 해준다.

VCS는 또한, 기상 정보 제공자, USSP, 기상국 데이터베이스로부터 기상 데이터를 추출하며, ATM과의 인터페이스를 통하여 유인 항공에 관한 GNSS 데이터와 기압계 데이터를 획득한다.

20 수직 경보와 정보(vertical alert and information) 서비스

수직 경보와 정보 서비스는 모든 GAMZ(Geodetic Altitude Mandatory Zones)에서 ANSP나 USSP로부터 API를 이용하여, 유인기와 무인기 조종자에게 지상 장애물과의 충돌을 경보하는 것이다. 이 서비스는 GIS, 항법 기반시설 모니터링, VCS 등을 이용하여 이루어진다.

무인기 공역(U-space) 운영개념과 도심항공교통

CHAPTER

4

비행 규칙

4 비행 규칙(Flight Rules)

본 장에서는 U-space 서비스를 받는 비행편의 비행규칙을 간단히 소개하는데, 현재 소개하는 규칙은 향후 변화하고 확대될 것이다.

1 Rules of the Air

잘 알려진 바와 같이, 국제민간항공기구는 1945년에 Rules of the Air를 국제표준으로 설정하여 부속서 2(Annex 2)로 채택했으며, 다음과 같은, 두 개의 비행규칙을 규정했다:

- VFR(Visual Flight Rules) : Visual Meteorological Conditions(VMC) 비행
- IFR(Instrument Flight Rules) : Visual or Instrument Meteorological Conditions(IMC) 비행

또한, Special VFR은 통제공역에서 VFR 규칙 요건을 준수할 수 없는 경우를 위한 예외적인 VFR이라 할 수 있다.

2 UFR(U-space flight rules)

UFR은 U-space 공역에서 U-space 서비스를 받는 사용자들에게 적용된다. 표준화된 U-space 장비 인터페이스를 준수하는 항공기와 조종자들이 U-space 공역 볼륨에서 운항할 때 UFR 하에서 운항할 것으로 기대된다.

UFR의 목적은 원격 조종 비행을 하기 때문에, 조종자가 비행기 창밖을 보지 못하면서 비행하는 상황을 위한, 비행규칙을 제공하기 위한 것인데, 조종자는 항공기의 상대적 위치 정보를 다른 방법으로 받는다.

UFR은 한편으로는 VFR, SVFR, IFR을 준수하지 않는 항공기 운항을 가능하게 하는 규칙이 된다. 한편, 초기의 UAM은 조종자가 탑승하고 VLOS 비행을 하는 상황 등에서 VFR 비행이 가능하지만, UAM도 보다 첨단화되어 무인운항을 하는 경우, "see and avoid"가 불가능하여 VFR이 불가능해진다. 물론, UAM은 상황에 따라 IFR도 가능하지만 CTR처럼 혼잡한 공역에서 효과적인 운항을 위해서는 분리 최소치가 적절하지 못할 것이다. 그러므로 UFR 조건의 비행에 참여하는 항공기들은 특정한 공역 볼륨에서 제공되는 일련의 U-space 서비스에 의해 지원을 받아야 한다. UFR 비행에 요구되는 U-space 서비스와 다른 ATS와의 인터페이스는 공역 등급에 따라 달라진다.

UFR은 U-space 볼륨에서 U-space 서비스를 소비하는 사용자들의 운항을 위한 것이다. UFR은 분리 대책을 위한 충돌회피 서비스에 근거하는데(safety layer 1), 전략적 충돌회피 또는 비행 중 충돌회피를 의미하며, 충돌회피를 위한 탑재 기술들(DAA/SAA)은 추가적 안전망을 제공하는 "safety layer 2"라 칭할 수 있다.

UFR을 따르는 항공기들에게는 다음 사항이 요구된다:

- 지상 시스템이나 U-space 공역 내의 다른 항공기에게 전자적으로 현시(Electronically Conspicuous)되어야 한다.
- 다른 항공기에 관하여 필요한 교통정보 서비스를 받을 수 있어야 한다.

- 통제 당국이 필요하다고 인정한 모든 전자적(digital) ATS 허가/지시에 충실하여야 한다.
- U-space 서비스에 의하여 관리되는 항공교통 분리 서비스를 받아야 한다.

그러나 UFR 비행을 하는 항공기는 ATS로부터 음성통신을 수신할 것으로 기대하지 않는다.

U-space 의무 지역(UMZ, U-space Mandatory Zone)에서 비행하는 항공기들은 정의된 절차에 의하여 U-space에게 위치가 알려지도록 해야 한다. 국가는 항공기가 U-space에 전자적으로 현시되도록(Electronically Conspicuous) 하는 필수 절차를 규정해야 할 책임이 있다.

CHAPTER

5

U-space 서비스 사용사례

5 U-space 서비스 사용사례

1 건축 촬영(architectural photography)

상황 및 조건 : 촬영 임무는 VLOS 비행이다. 촬영해야 할 건물이 펜스로 둘러싸인 지역에 서 있으므로 사람은 제외될 수 있다. 빌딩 주변의 지면은 해상 고도가 일정한 평지이다. 임무는 first-person-view gogle을 착용한 조종자 겸 촬영자에 의하여 수동(手動) 비행으로 수행된다. 관찰자는 조종자 옆에서 하늘을 육안으로 검토한다. 비행계획이 필수 요건인 Y공역에서 이루어지므로 비행계획이 필요하다.

비행계획은 지표에서 50m 높이까지, 빌딩을 중앙에 두고 200m 정사각형의 지면을 포함하며, 오후 7시에서 오후 8시까지를 포함하는 하나의 4D 볼륨으로 구성된다. 운항은 항공기가 배터리 교환을 위해 지상에 있는 시간까지 포함하는 볼륨 내, 예측 불가 비행을 포괄한다.

(1) 비행 전(pre-flight)

촬영자는 Geo-awareness 서비스를 이용하여 지역을 검토하고 고객이 원하는 바를 고려하여, 작업이 "open" 범주의 미션으로 수행되도록 결정한다.

촬영자는 상대적으로 간단한 U-plan Preparation/Optimisation 서비스를 이용하여 다음과 같은 비행계획을 준비하여 제출한다(호텔 주변의 '박스 형태의 지역'을, 골든 타임에 한 시간 동안 비행). 비행계획은 비행 하루 전에 발송된다.

비행계획은 비행승인 서비스에 의하여 접수되고, 이용해야 할 서비스, 기술요건 등을 특별히 지적하는 등, 비행에 적용할 조건을 확인해주면서 접수증을 회신한다. 이러한 조건들은 공표된 것이지만, 서비스를 상기시키고 조건에 대한 계약을 위해 확인하는 것이다.

비행 당일, 촬영자와 조수는 호텔에 도착한다. 그들은 비행계획을 검토하고, 문제없이 RTTA를 통과했음을 확인한다.

(2) 비행 중(in flight)

비행승인 서비스를 활용하여, 촬영자는 비행을 개시하고 공역에서 요구하는 비행 중 서비스를 시작한다:

- network identification service
- traffic information service
- emergency management
- monitoring

조수의 도움을 받아 조종자는 드론을 비행시키고 사진을 찍는다. 본 비행의 경우, 예측 불능의 이벤트는 없었다.

(3) 비행 후(post flight)

비행승인 서비스를 이용하여 촬영자는 비행을 종결한다. 비행 중 서비스도 종결된다. 촬영자와 조수는 정리하고 떠난다.

추후에 촬영자는 digital logbook에서 비행 상세 내용을 점검할 수 있다.

2 항공 지도(aerial mapping)

상황 및 조건 : 드론 운영자는 정규 고객으로부터 1km × 1km 지역에 대한 항공지도 제작을 위한 데이터를 수집해 달라는 주문을 받았다. 작업은 세 가지 각도에서 지표의 모든 지점이 촬영되어서 지정된 지역이 서로 다른 각도로 찍힌 많은 수의 사진을 생산해야 하며, 각 사진이 찍힌 정확한 위치가 기록되어야 한다. 작업에는 위치 설정과 이미지 기록을 위한 많은 장비가 탑재되는 드론이 참여해야 한다.

운항은 해당 지역을 스캔할 수 있도록 사전에 프로그램된 궤적에 따라 비행하는 것이다. 운영자가 대부분의 시간에 항공기를 볼 수는 있지만, 비행은 정해진 지역 내에서 BVLOS로 수행된다. 운영자는 비행 중 분리 지시에 따라 회피시키는 간섭을 할 수 있고, 베이스로 회귀시킨 후 마지막 'good' 포인트에서 임무를 다시 시작할 수 있도록 간섭할 수도 있다. 비행이 수행되는 공역은 Zu 공역이다.

(1) 비행 전(pre-flight)

운영자는 지도 작업을 적절히 수행하기 위해, 상대적으로 정교한 U-plan Preparation/Optimization 서비스를 이용하여 U-plan을 개발한다. 사용하는 도구는 Geo-awareness 서비스, 인구밀도 지도 서비스, 운항관련 위험을 최소화하기 위한 위험분석 서비스 등이다. 운영자는 LUC(Light UAS Operator Certificate)를 보유하고 있다. U-plan Preparation/Optimisation 서비스는 전자기 간섭 정보, 항법 커버리지 정보, 통신 커버리지 정보를 제공하는 서비스를 이용하여 비행의 위험을 점검한다.

임무나 위험을 고려하여, U-plan이 최적화된 것 같으면, U-plan Preparation/Optimisation 서비스는 U-plan을 비행 승인 서비스에 제출한다. U-plan은 순차적으로 점유되는 대형 블록의 공역을 기술해준다. 운영자는 U-plan이 수용되었음을 통보받는다.

RTTA에 운영자는 해당 비행편이 한 지점에서 수요-용량 불균형에 연루되어 진행이 중단됨을 통보받는다. 시스템은 몇 개의 해법을 제시한다. 운영자는 관련지역 스캔의 순서를 변경하는 방안을 선호하여, 수정된 계획을 제출하여 수용된다.

(2) 비행 중(in flight)

비행승인 서비스를 활용하여 운영자는 U-plan을 활성화하고, 공역 서비스를 위한 비행 중 서비스를 시작한다.

- network identification service
- monitoring, including conformance monitoring service
- tactical conflict prediction service
- tactical conflict resolution service
- traffic information service
- emergency management
- weather information
- navigation infrastructure monitoring
- communication infrastructure monitoring
- vertical alert and information service

조종자는 무인기를 준비하고 비행을 시작한다.

비행 중에 조종자는 U-space 정보가 비행 디스플레이에 현시되는 동안 운항을 모니터링하고 비즈니스 목적 달성을 위해 업무를 수행한다. 조종자는 또한, 항공기에 직접적으로 업로드할 수 있는 형태로 U-space로부터 비행 중 분리 지시를 수신한다.

조종자의 비행 관리 시스템은 어떤 목적의 업무가 달성되었는지를 기록하고, 비행 중 간섭으로 인하여 달성되지 못한 업무 항목들을 수집하여, 새로운 U-plan을 생성하여 부족한 부분을 채울 수 있도록 한다.

(3) 비행 후(post flight)

비행승인 서비스를 활용하여, 조종자는 비행을 종결한다. 위에 열거했던 비행 중 서비스들도 종결된다. 항공기 동력을 정지시킨 후 조종자는 디지털 로그북을 점검하여 세부 사항을 확인한다.

3 전력선 점검(power line inspection)

상황 및 조건 : 운영자는 주기적으로 다수의 전력선 점검을 수행할 계약을 체결한다. 계약서에 제시된 스케줄과 기상 및 기타 예외적인 상황 보고에 따라, 운영자는 전력선 점검 비행을 계획한다. 비행은 세 부분으로 구성되는 BVLOS이다. 항공기는 일단 점검 시작 지점으로 비행한다. 커메라들과 기타 센서들이 정보를 운영자에게 중계하는 동안, 비행은 전력선을 따라 진행된다. 운영자의 주의를 지적하면, 비행은 그 지점의 전력선에서 머무른다. 최종적으로 항공기는 착륙 지점으로 날아간다. 공역은 모두 Y 볼륨이며, 운항은 Specific Category이다. 운영자는 이 비행을 위하여 승인된 유효한 SORA를 갖고 있다.

(1) 비행 전(pre-flight)

운영자는 이와 같은 점검 비행을 수행한 경험이 있지만, 필요한 경우의 재점검을 위해 U-plan Preparation/Optimisation 서비스를 사용하고, U-plan을 업데이트하기 위해서도 U-plan Preparation/Optimisation 서비스를 사용한다. 이 과정은 Geo-awareness 서비스, 기상정보 서비스, SORA가 아직도 적용 가능한지를 운영자가 점검할 수 있도록 돕는 위험 분석 지원 서비스 등을 활용한다.

U-plan Preparation/Optimisation 서비스는 U-plan을 비행승인 서비스에 제출한다. 이 U-plan은 비행이 진행됨에 따라 공역볼륨 진입 및 이탈 시간 불확실성의 증가를 고려하면서, 이 비행에 의하여 순차적으로 점유하게 될 공역의 연속된

볼륨 튜브를 기술한다. 운영자는 U-plan이 수용되었음을 통보받는다.

RTTA 시점에, 운영자는 해당 비행이 하나 이상의 다른 비행들과 충돌되어, 중단되었음을 통보받는다. 시스템은 지연 운항을 포함한 몇 개의 제안을 제시한다. 운영자는 제안된 지연 운항을 반영하여 U-plan을 업데이트하고 운항이 수용된다.

(2) 비행 중(in flight)

비행승인 서비스를 이용하여, 운영자는 U-plan을 활성화하고, 이 공역에서 요구하는 비행 중 서비스를 시작한다:

- network identification service
- monitoring, including conformance monitoring service
- traffic information service
- emergency management
- weather information
- navigation infrastructure monitoring
- communication infrastructure monitoring
- vertical alert and information service

조종자는 UAS를 준비하여 비행을 시작한다. 조종자는 U-space 정보가 비행 디스플레이에 현시되는 동안, 운항을 모니터하고, 전력선을 점검한다. 조종자는 때에 따라, 추가적인 세부사항을 기록하기 위해 잠시 멈추기도 한다.

(3) 비행 후(post flight)

비행승인 서비스를 이용하여, 조종자는 비행을 종결하며, 위에 열거한 비행 중 서비스도 종결된다. 항공기가 동력을 멈춘 후 조종자는 세부 사항 확인을 위해 디지털 로그북을 점검한다.

4 약품 배송(pharmaceutical delivery)

상황 및 조건 : 드론 운영자는 몇몇 병원, 의료 실험소, 전문병원, 약국 등과 약품 배송 계약을 맺는다. 각 지점에는 운영자에 의해 운영되는 소형 무인기에 적절한 버티포트가 위치해 있다. 운영자는 이 버티포트들 간의 항로 연결망을 개발했다. 이 항로들은 지상 위험이 적은 지역을 따르고 있다.

운항은 항상 알려진 지점 간의 알려진 루트 상공으로, 사전에 계획된 서비스와 on-demand 서비스를 혼합하여 이루어진다. 비행은 certified category 운항이며, 공역은 Zu와 Y 공역이 혼합되어 있다.

(1) 비행 전(pre-flight)

운영자는 약국에서 전문병원으로 약품을 긴급하게 운송해달라는 주문을 받는다. 다행히, 약국에는 무인기가 적절히 대기할 수 있는 상황이다. 운영자가 U-plan을 준비하는 동안 약사는 약품을 수집하고 있다. 기대되는 비행 활성화 시간은 3분이다. 운영자는 버티포트와 루트 네트워크로 프로그램된 U-plan Preparation/Optimisation 서비스를 이용한다. 이 프로그램은 Geo-awareness 서비스, Weather Information 서비스를 이용하여 최단 루트를 선택하기 위한 루트 체크를 수행한다. U-plan Preparation/Optimisation 서비스는 비행승인 서비스에게 "test" 모드를 요청하여, 각 루트에 서로 다른 출발 시간을 적용하여 가장 빠른 루트를 찾도록 한다. 출발시간과 루트를 식별하여 적절하게 결합한 것을 비행승인 서비스에 제출한다. RTTA 시점에 운영자는 비행이 충돌없음을 통보받는다. 약품은 탑재되고 무인기를 점검한다. 목적지에는 도착시간이 통보된다.

(2) 비행 중(in flight)

비행승인 서비스를 이용하여 운영자는 U-plan을 활성화시키고, 해당 공역에서 요구되는 비행 중 서비스를 시작한다:

- network identification service
- monitoring, including conformance monitoring service
- tactical conflict prediction service
- tactical conflict resolution service
- traffic information service
- emergency management
- weather information
- navigation infrastructure monitoring
- communication infrastructure monitoring
- vertical alert and information service

조종자는 비행을 시작한다. 비행하는 동안, U-space 정보는 비행 디스플레이에 현시되고, 조종자는 운항을 모니터한다. Y 볼륨에서는 교통정보를 모니터하고, Zu 공역에서는 항공기에 직접 업로드할 수 있는 형식으로 U-space로부터 비행 중 분리 지시를 수신한다. 무인기가 전문 병원에 접근해감에 따라, 비행 관리 시스템은 전문병원에게 도착 임박을 경고한다. 무인기가 착륙할 때, 병원의 담당 직원은 대기하고 있게 된다.

(3) 비행 후(post flight)

비행승인 서비스를 이용하여, 조종자는 비행을 종결하고, 비행 중 서비스들도 종결한다. 항공기가 동력을 멈춘 후 약품이 하기되었는지 확인한다.

5 원격 조종의 정기 승객 운송(passenger carrying, remotely piloted, scheduled)

상황 및 조건 : 두 명의 승객을 운송하는 정기운송 서비스를 고려한다.

버티포트를 가장 잘 이용할 수 있는 운항에 집중하는 UAS 운영자는 스케줄에 의한 비행 운영을 채택한다. 비행은 알려진 버티포트를 방문하도록 하는, 사전에 결정된 노선망으로 수행된다. 비행은 버티포트 효용성을 극대화하기 위한 신속한 회항을 고려하여 신중하게 계획된다. 승객들은 정기 운송 항공기 좌석 티켓을 구매해야 한다.

스케줄은 오래전에 계획된다. 비행은 승인운항(certified)이고 공역은 Zu 볼륨이다. 버티포트는 안전성과 사회적 수용성의 요건에 의해 결정된 도착과 출발 노선에 부속될 것이다.

(1) 비행 전(pre-flight)

운영자는 모든 비행이 버티포트 사용을 최적화하는 데 맞춰지도록, 한 번에 하루종일 스케줄을 계획한다. 각 비행은 비행 중 변화를 위한 여분(margin)이 있도록 계획되어야 하지만, margin은 최적화를 극대화해야 하는 관점에 의해 제한을 받는다. 운영자는 버티포트 운영과 전체 항공기에 의한 복수의 비행 운영을 매우 정교하게 모델링할 수 있는 U-plan Preparation/Optimisation 서비스를 이용한다.

충돌 위험을 최소화하기 위하여 비행들은 최소 크기의 4D 볼륨을 활용한다. U-plan Preparation/Optimisation 서비스는 비행계획을 비행승인 서비스에 제출한다. 각 비행의 RTTA 시점에, 운영자는 비행이 충돌 없는 상태인지 통보받는다. 충돌이 있는 경우, 이착륙 시간을 유지하면서, 속도와 항로 변경으로 충돌을 회피할 수 있는 전략적 문제해결이 일반적으로 행해진다. 이것이 불가능한 경우, U-plan Preparation/Optimisation 서비스는 전반적 스케줄을 조정하기 위하여 많은 비행편을 업데이트할 수도 있다.

비행 전 단계는 승객 탑승을 포함할 것이다. 버티포트에 있는 대행자나 시스템은 원격 조종자에게 승객이 탑승했고 출입문 닫힘 신호를 보낼 것이다.

(2) 비행 중(in flight)

비행승인 서비스를 이용하여, 운영자는 U-plan을 활성화하고, 공역에서 요구되는 비행 중 서비스를 개시한다:

- network identification service
- monitoring, including conformance monitoring service
- tactical conflict prediction service
- tactical conflict resolution service
- traffic information service
- emergency management
- weather information
- navigation infrastructure monitoring
- communication infrastructure monitoring
- vertical alert and information service

조종자는 비행을 개시한다. U-space 정보가 비행 디스플레이에 현시되고, 조종자는 운항을 모니터한다. 조종자는 직접적으로 또는 승객 관계 전담 직원을 통하여 승객과 소통할 수도 있다.

Zu 공역에서는, 조종자가 U-space로부터 항공기에 직접적으로 업로드할 수 있는 형식으로 전술적 분리 지시를 수신한다. 조종자는 계획된 도착시간을 준수하기 위하여 분투, 노력할 것이다. 계획된 도착시간 준수가 위태로워지면, 조종자는 고속 운항으로 계획을 업데이트할 것이다. 비행 중 기동이 비행을 계획된 여분(margin) 이상으로 지연시키는 경우, 조종자는 도착 버티포트에서의 운영과 그 이후의 운영을 재계획할 것이다.

조종자는 항공기의 상태를 지속적으로 모니터링하고, 최근접 버티포트와 목적지 버티포트의 상황도 모니터링한다. 조종자는 또한, 차등화된 긴급 사태 시에 안전한 착륙을 할 수 있도록, 비행 전 기간 동안 우발 계획을 유지해야 한다. 무인기가 도착 버티포트에 접근함에 따라, 조종자는 목적지의 가용성을 점검한다. 항공기는 표준 도착 경로를 따르고, 터치다운한다.

(3) 비행 후(post flight)

비행승인 서비스를 이용하여, 조종자는 비행을 종결하고, 비행 중 서비스도 종결한다. 항공기는 안전하게 보호되고, 지상 직원이 항공기 출입문을 열고 목적지에 도착한 승객은 항공기를 떠난다.

6 원격 조종 즉시 수요 승객 운송(passenger carrying, remotely piloted, on demand)

상황 및 조건 : 승객들은 휴대폰 앱이나 웹페이지를 이용하여 에어택시 여행을 조회하고 주문할 것이다. 진행 과정은 현재의 'ride hailing' 앱처럼 소비자가 출발지점과 목적지를 요청하면, 요금과 출발 예정 시간, 도착 예정 시간이 회신으로 제시되는 절차와 유사할 것이다. 이 경우 출발 지점과 도착 지점은 버티포트가 될 것이다. 운항은 certified 범주의 운항이 될 것이고, 공역은 Zu 볼륨이 될 것이다. 버티포트는 안전성과 사회적 수용성을 반영한 도착-출발 노선에 부속될 것이다.

(1) 비행 전(pre-flight)

운송 요청을 받으면, 'ride hailing' 앱은 가용한 버티포트와 사용할 수 있는 항공기를 탐색할 것이다. 복수의 여객이 관련되는 최적화가 가능하지만 현재로서는 고려하지 않는다. 'ride hailing' 앱은 버티포트와 항로망이 프로그램된, 무인기 운영자들의 U-plan Preparation/Optimisation 서비스와 인터페이스될 것이고, 비행승인 서비스에 'test' 모드를 요청하여 가능한 각 노선 중에서 속도, 비용 등의 가장 좋은 trade-off를 발견하도록 할 것이다.

일단 승객이 요청을 주문하면, U-plan이 비행승인 서비스에 제출된다. 만일 비행이 충돌 상황이 되면, 앱과 운영자의 비즈니스 로직에 의하여 시간이나 비용이 약간 추가될 수도 있는 해법이 결정될 것이다.

결정된 계획은 출발 버티포트와 도착 버티포트에 동시에 전송될 것이다.

U-plan이 제출된 직후인, RTTA 시점에 운영자는 흔히 비행이 충돌없음을 통보받는다. 충돌이 있는 경우, 버티포트 제한 사항을 충족하면서, 비용과 시간의 균형을 고려하는 운영자의 비즈니스 로직에 의하여 전략적 해법이 적용된다. 가끔, 이 모든 절차가 소비자의 기대를 만족시키지 못하는 경우가 발생하면, 사과 절차가 필요할 것이다.

소비자는 출발 버티포트에 도착하여 탑승 안내를 받을 것이다. 버티포트에 근무하는 직원이나 시스템이 원격 조종자에게 승객이 탑승했고, 출입문 닫힘 신호를 보낼 것이다.

(2) 비행 중(in flight)

비행승인 서비스를 이용하여, 운영자는 U-plan을 가동하고, 공역에서 요구되는 비행 중 서비스를 시작할 것이다:

- network identification service
- monitoring, including conformance monitoring service
- tactical conflict prediction service
- tactical conflict resolution service
- traffic information service
- emergency management

- weather information
- navigation infrastructure monitoring
- communication infrastructure monitoring
- vertical alert and information service

조종자는 비행을 개시한다. U-sapce 정보가 비행 디스플레이에 현시되고, 비행이 진행되는 동안, 조종자는 운항을 모니터링한다. 조종자는 고객관계 전담 직원이나, 직접적인 접촉으로 승객과 소통한다.

Zu 공역에서, 조종자는 U-space로부터, 직접 항공기에 업로드할 수 있는 형태로 비행 중 분리 지시를 수신한다. 조종자는 계획된 도착시간 준수를 위해 노력할 것이다. 계획된 도착시간 준수가 어려워지면, 조종자는 항공기를 고속으로 운항하도록 계획을 업데이트할 수도 있다. 비행 중 기동 변화가 계획된 마진(margin) 시간보다 더 지연되는 상황이 되면, 운영자는 도착 버티포트나 그 이후의 비행 운영에 대한 계획 변경을 해야 한다.

조종자는 계속적으로 항공기의 상태와 최근접 버티포트 및 목적지 버티포트의 상태를 모니터해야 한다. 또한, 조종자는 차등화된 위급 수준에서 안전하게 착륙할 수 있도록 하기 위하여, 우발 계획을 전 비행기간 동안 유지해야 한다.

무인기가 목적지 버티포트에 접근함에 따라, 조종자는 목적지 버티포트의 가용성을 점검하고, 항공기가 표준적인 도착 경로를 따라 터치다운하도록 한다.

(3) 비행 후(post flight)

비행승인 서비스를 이용하여, 조종자는 비행과 비행 중 서비스를 종결한다. 항공기는 안치되고, 지상 직원은 항공기 문을 연 후, 목적지에 도착한 승객은 항공기를 떠나도록 한다.

CHAPTER

6

사회적 수용성

6 사회적 수용성(Social Acceptability)

이 장에서는 어떻게 하면 UAM 운항의 사회적 수용성을 개선할 수 있는지를 생각해본다. UAM의 경제적 성장을 위해서는 사회적 수용성이 핵심적 요건이기 때문에, UAM을 이용할 개인들의 관점에서 보는 시스템의 특성을 연구하는 것이 필요하다. 즉, UAM을 지원하는 U-space와 그 시스템을 이용할 개인(일반시민)들을 모두 시스템의 이해 당사자로 간주해야 하는 것이다.

UAM의 사회적 수용성 개선 논의는 다음과 같이 전개된다. 공공적 조사에서 밝혀진 지식을 포함한 주어진 도심 운용 환경을 검토하고, 비행발전 단계에 따른 사회적 수용성 개선을 위한 조치를 제안한다. 공역과 지상 기반시설이 설계에 반영되고, 마지막에는 공공(일반시민)의 욕구로부터 발생되는 제안을 검토한다.

1 운영환경(operating environment)

UAM 운영은 당연히 도심지역을 포함한다. 유인기와의 접촉 작용을 피하기 위한 UAM의 고도 제한 때문에, UAM 운항이 지상에 가까운 고도에서 운영되도록 하는데, 도심의 지상은 인구 밀집도가 높다. 결국, UAM은 사람과 빌딩으로부터 매우 가까운 거리에서 운항하게 된다.

유럽에서는 무인기 운항에 대한 일반 시민들의 의견 청취를 위한 많은 조사들이 2015년부터 수행되었고, 2018년부터는 특히, UAM에 대한 의견조사가 많이 수행되었다. 조사 결과에 의하면, 드론이나 에어택시와 같은 UAM 조건에 대한 수용률은 45%에서 85% 사이로 나타났다. 거의 모든 조사에서, 응급의료 서비스나 공공서비스(예: 수색과 구조), 핵심기반시설 정비, 비상 대응 등을 위한 도심항공교통 수용률이 더 높은 것으로 판명되었다. 경찰 부서에서는 이미 드론을 새로운 서비스 수단으로 포함하고 있으며, 다음과 같은 공공서비스 분야에서 혜택을 보고 있다.

- 신속 서비스
- 환경 친화적 서비스
- 복잡한 도시 교통체계에 확장된 연결성 제고

2021년부터는 수동적인 관찰자로서의 시민보다는 잠재적 UAM 고객을 대상으로 한 조사가 실시되고 있다. 드론 배송 서비스를 이용하겠다고 대답한 응답률은 58%였고, 여객으로 이용할 것이라는 응답자 비율은 27%였다.

이러한 조사들의 인구 통계학적 분석에 의하면, 나이, 성별, 교육, 경제적 수준, 지적 수준 등에 의해 수용성이 영향을 받는 것으로 나타났다. 노년층이 젊은 층보다는 덜 긍정적이고, 남성이 여성보다 UAM 수용에 적극적인 것으로 나타났다. 경제적 수준이나 교육 수준도 영향을 미치는데, UAM에 관한 지식이 많을수록 수용성 수준이 높은 것으로 드러났다.

또한, UAM 운영 경험에 노출됨에 따라, 대중들의 의견이 변화하는 것도 목격되었다. 예를 들면, 드론 배송 서비스를 경험한 더블린에서 드론 배송에 관한 가장 높은 수용률인 84%를 기록했고, 공공서비스로서의 드론에 대해서는 92-97%의 수용률을 보였다. 한 프로젝트(AMU-LED)에 의하면, UAM 에어택시 데모에 참석한 이전과 이후의 의견 변화가 75%인 것으로 나타났다.

조사 자료에 의하면, 일반 대중의 UAM 서비스에 대한 불안감도 확인되는데, 대체적으로 다음 사항에 대한 우려가 지적된다.

- Malfunction / safety
- Nuisance / environment
- Misuse / security and privacy

안전에 대한 우려는 공역 사용자와 전문가들에 의하여 높게 나타났으며, 안전은 U-space 제공에 따른 주요 관심사이기도 하다. 일반 시민들도 항공기 기능에 의한 추락을 우려하고 있다. 일반적으로 비행 데모에 참석한 이후로 안전 문제 우려는 줄어드는 것으로 나타났다.

UAM에 의한 폐해로는 환경, 야생보호, 인간의 건강 등에 대한 부정적 영향이 지적되는데, 공역 사용자와 전문가들은 이러한 폐해에 따른 불평과 관련한 많은 경험을 갖고 있다. 소음 문제는 오늘날에는 공항 주변의 인구 밀집 지역에 국한되지만, UAM과 관련한 소음은 도시 전역으로 확장될 수도 있다. UAM 항공기들이 사용할 전기에너지는 소음과 공해 배출 영향을 줄일 수 있지만, 항공기에 근접해 있는 사람들에게는 영향이 있을 것이다. 또한, UAM 항공기는 현행의 상업 항공기보다는 조용하고 속도도 느려서, 생태계나 인간에 대한 부정적 영향이 줄어들겠지만, 많은 미확인 사항들이 조사될 필요가 있다.

카메라를 장착한 소형 드론에 의한 보안 위규 등 드론 악용도 우려된다. 시민들은 도둑이나 테러리스트, 스파이 등이 드론을 보유하여 자신들의 가정이나 생명, 사생활 등이 침해될 것을 우려하고 있다. 인터넷 시대에, 잠재적인 cyber-attack에 의한 유용한 목적의 무인기 공격도 우려 사항 중 하나이다. 안전과 공해 요인에 관한 우려는 항공 사회에 잘 알려져 있지만, 악용에 의한 폐해는 상대적으로 새로운 이슈라 할 수 있다.

무인기에 대한 지식과 노출이 수용성을 증가시켰으나, 우려 사항들도 자각하게 만들었다. 더블린 경험에 의해, 사생활 침해 우려가 75%로 증가되었고, 에어택시 데모 이후에 소음 우려가 전보다 증가되었다.

특별한 상황에 따른 기타 우려들도 보고되고 있다:

- 드론 배송의 경우 화물 손상 우려
- 사건/사고의 책임 문제
- 데모 참석 이후에 관련자들은 규제에 의한 제한성을 우려함
- AI의 신뢰도 부족에 따른, 완전 자동화에 대한 우려

2 비행 단계(phases of flight)의 사회적 수용성 고려

비행 활동에 의해 사회적 효익과 우려가 발생하는데, 전략적 단계에 비행에 따른 사회적 효익을 증대시키고, 우려를 완화시키는 핵심 전략을 수행해야 한다.

UAM 운영자는 항공기 설계나 확보 단계에 사회적 수용성에 미칠 영향을 고려한 장기적 의사결정을 해야 한다. 현재는, 전기 동력을 이용하는 항공기에 의해 소음과 공해물질 배출 영향을 완화했지만, 항공기에 사용되는 재료, 부품 재사용, 재활용 등을 고려하여, 친환경적인 UAM을 생산하는 것도 필요하다. 또한, 항공기의 색깔, 블레이드 보호 등도 시각적 방해나 야생보호에 영향을 미칠 것이다. 그러나 이보다 더 장기적인 전략적 의사결정은 공역 설계와 관련될 것인데, 이에 대해서는 다음 섹션에서 다루게 된다.

비행 전의 전략적 단계는 U-plan 생성에서 시작된다. 다음 사항은 친사회적 임무를 위한, U-plan 관련 운영 결정 사항을 보여준다:

1. Limit the minimum altitude,
2. Respecting no-fly zones for drones/times,
3. Flight most direct routes to minimise energy and annoyance,
4. Alternate routes to spread noise,
5. Avoid/limit hovering drone flights,

6. Set speed limits according to the area being crossed,

7. Review the urban land use below the flight trajectory.

비행고도와 하버링(hovering) 위치 설정은 소음 영향과 사생활 침해 회피에 깊이 관련된다. 항공기는 가정의 창문 옆으로 비행해서는 안 되며, 개인 소유지 상공에 이유없이 체공해서도 안 된다. 도시 내의 가상이나 증강 현실 하에서 실험적으로 UAM을 운항하여, 인간에 대한 방해 요인을 평가해야 한다. 시각적, 청각적, 안전 심리적 자각은 비행고도가 높을수록 개선된다.

환경보전을 위해서는 고고도에서 직선 루트로 비행하는 것이 좋다. 즉, 도심의 모든 빌딩보다 높은 고도로 VLOS 운항을 하는 것이 최선이다. 고고도는 공해와 사생활 침해를 회피하게 하고, 직선 비행을 가능하게 하며 에너지 소모를 줄일 수 있다. 그러나 단거리의 경우는 예외적으로 에너지 소모를 늘릴 수도 있다.

안전성 평가를 할 때에, 지상 토지 사용을 반드시 검토해야 한다. 그러나 비행 금지 지역(no-fly zone)이 아닌 한, 편리한 안전 완화 대책을 적용하면서 인구밀집 지역 상공을 진입하는 비행 임무를 수행할 수 있다. 모든 통과 지역의 복지를 고려해서 속도와 고도는 차별화될 수 있다.

어떤 루트가 연속적 비행으로 인해서, 너무 많이 사용되는 경우, 운영자는 에너지 절약에 큰 영향이 없는 대체 루트를 검토해서 소음을 분산시키는 방안을 적용할 필요가 있다. 항구적 소음 장애가 인간의 건강과 자연적 생명에 영향을 준다고 알려졌기 때문이다. 양 방향에 교대로 사용할 수 있는 대체 항로를 탐색하는 것은 좋은 계획 방안이 된다.

끝으로, 비행 후 단계에는 환경 문제도 중요하게 제기된다. 항공기 배터리를 잘 정비하는 것은 배터리 사용 연한을 늘리고, 전력 소모를 줄일 것이다. 때에 맞춰 블레이드를 교체하면, 소음을 줄이는 데 기여한다.

3 공역(airspace)의 사회적 수용성 고려

공역 구조 설정 검토에는 용량과 효율성을 고려하는 연구가 주를 이루며, 사회적 수용성에 관해서는 연구 결과가 아직 없다. 서로 다른 특성의 교통량에 대해서, 속도와 소음 특성에 따라 다른 고도를 배정하는 것은 소음 영향을 줄일 수 있는 방안이 된다. 예를 들면, 취미 드론 비행은 20m 고도 이하로 제한하고 UAM은 20m 고도 이상부터 U-space 상한 고도까지 이용하도록 구성하는 것이다.

UAM 공역 설계는 UAM이 운항하는 도시 조직과 호응해야 한다. 안전을 위해서는 현존하는 도시 교통로 상공을 UAM 항공로로 사용하는 방안이 제안되는데, 이는 사회적 수용성을 위해서도 다음과 같은 측면에서 바람직하다:

- 인지 소음 증가가 최소화된다.(도시 교통로는 이미 소음지역이고 추가 소음 영향이 별로 두드러지지 않기 때문이다.)
- UAM은 복수 교통수단 시스템에 기여하고, 도시교통 혼잡을 완화함으로써, 도시교통 서비스를 개선한다.
- 사유재산의 상공을 비행할 염려가 없다. 사유재산은 개인적인 문제를 유발할 수 있는데, 어떤 나라에서는 사유재산으로부터 일정 높이까지의 상공에도 소유자의 권한이 미치도록 하고 있어 사유재산 상공을 비행하려면 소유자의 허락을 얻어야 하거나 사용료를 지불해야 한다. 그러나 도시 교통로는 공공 소유이므로 이러한 문제가 없다.

4 지상 기반시설(ground Infrastructure)의 사회적 수용성 고려

버티포트 설계와 버티포트 교통지역 설계 개념은 모든 항공기 접근 지역의 안전 확보를 고려해서 개발되었다. 그러나 버티포트 기반시설의 사회적 영향에 관한 검토는 주목받지 못했다.

버티포트에는 다량의 운항활동이 집중될 것이다. 더구나, 버티포트는 UAM 운항이 최저 고도에서 이루어지고, 체류 단계를 포함하는 지역이다. 결론적으로, 안전 문제 다음으로 인근 지역 주민 활동의 장애 문제를 해결하는 것이 UAM 실현을 위해 필요할 것이다.

최적의 버티포트 입지에 대한 연구가 많지만, 일반적으로 잠재적 수요 발생과 복수 교통수단 및 UAM 통합의 효율성, U-spae에 제공되는 교통 수용량 등을 고려하고 있으며, 사회적 수용성 문제는 고려가 미흡한 편이다.

에어택시 중심으로 고려한, 도심의 지상 기반시설을 연구한 결과가 있는데(ASSURED-UAM), 전문가들의 주요 합의점은 현재의 도시 기반시설을 비용-효율적인 UAM 기반시설로 전환하자는 것이었다(응답자의 62%). 관련된 도시에서 토지 사용에 대한 특별 규정을 발효하는 것도 중요하게 고려되었다(응답자의 59%).

결론적으로, 버티포트는 현재의 지상 교통 허브 가까이에 위치하여, 효율성, 효용, 수용성 등을 극대화하자는 것이다. 기차나 버스 터미널 지역은 잠재적으로 넓고, 장애물이 적은 지역이며, 인근에 주차장이 있고, 이미 혼잡하고 소란스러운 지역이라서 사회적 수용성에 문제가 없을 것이다. 시의 도시계획 담당자들의 지식에 의하여 기존의 교통허브 가까이에 또는 교통허브 건물 지붕에 버티포트를 설치할 것을 주로 제안할 것이다.

5 기타 : U-space 서비스 고객인 일반 시민의 수용성 고려

시민들은 U-space의 이해 관계자로서, U-space가 교통정보를 제공해줄 것을 기대할 것이다. 시민들은 UAM 비행의 궁극적 수혜자로서, 드론 택배의 고객이 되고, 도심항공교통의 승객이 될 것이다. 택배 운송의 고객, UAM의 승객이 U-space에서 하는 역할은 직접적인 관계자로서 그들의 수용성은 경제성으로 직결될 것이다.

일반 대중은 또한, 공공용 UAM 비행의 간접적 사용자이다. 이 비행들은 법집행부서나 비상대응 부서에 의해서 수행되지만, 최종 목적은 사회를 위한 것이다.

PART 2

도심항공교통 (UAM: urban air mobility)

▼
▼
▼

도심에서 저고도의 공중을 비행하는 교통수단으로 도심항공교통(UAM) 개념이 도입되었는데, 이는 번잡한 도시의 교통 체증 문제를 해결하기 위한 방안으로 발상되었고, eVTOL 항공기 출현으로 더욱 주목받게 되었다. 최근에는 배터리 기술의 발전으로 eVTOL이 도심뿐만 아니라 도시 간의 중거리 교통수단으로 활용될 수도 있어서, 도심교통과 도시 간 교통을 포함하는 AAM(Advanced Air Mobility)이라는 개념으로 확장되면서 UAM은 AAM의 하부 개념으로 체계화하기도 한다. 제2부에서는 AAM 중 활용도가 높고 발전 단계가 앞선 UAM 중심으로 운영개념과 공역구조 개념을 살펴보겠다.

무인기 공역(U-space) 운영개념과 도심항공교통

CHAPTER

1

도심항공교통 도입

1 도심항공교통(UAM) 도입

1 도심항공교통(UAM: urban air mobility)의 출현

오늘날 거의 모든 대도시는 심각한 교통 체증을 겪고 있다. 이러한 현상은 인구의 도시 집중이 가속되는 현실을 감안할 때 앞으로 더욱 심각해질 것으로 예상된다. 또한, 대도시에는 경제활동이 활발하고 시간 가치가 매우 높은 사람들이 집중되어 있어, 이러한 사람들은 이동에 소요되는 시간을 줄이기 위해 많은 비용을 지불할 의사가 있음에도 불구하고 현재로서는 획기적 시간 절약이 가능한 교통수단을 찾는 것이 불가능하다. 이러한 시장의 욕구 해결의 한 방안으로 착안한 것이 도심의 상공을 나르는 공중 이동 수단의 도입이며, Urban Air Mobility(UAM: 도심항공교통)이라는 개념이 선진국을 중심으로 착안되고 발전이 시작되고 있다. 그러나 UAM은 보편적 도시교통 수단보다는 접근성이 현저히 떨어지므로 타 교통수단과 연계하여 운용되는 것이 효과적일 것이고, 복합적 교통 서비스의 일부분으로 고려하게 될 것이다. 따라서, 다른 교통수단의 운영 데이터와 함께 분석하여야 하므로 복합적인 교통서비스 구성을 고려해야 할 것이다.

도심항공교통(Urban Air Mobility)은 항공을 이용한 교통 분야이지만 기존의 항공교통과는 확연히 다른 교통 부문으로 인식한다. 즉, 기존의 항공기를 이용한 교통수단은 대체적으로 장거리 교통 시장에 적합하여 도시 간 교통수단으로 발달해왔는데, UAM은 도시 내의 지점 간 이동에 항공기를 이용한다는 발상에서 출발했다. 또한, 기존의 항공기가 운항하는 공역은 지상의 장애물 회피나 공기역학적 특성을 효과적으로 활용하기에 적합한 비교적 고고도 공역을 이용해왔다. 그러나 UAM은 짧은 거리를 단시간 내에 이동해야 하기 때문에 저고도 운항을 해야 하고 이에 따른 비행 환경이 기존의 항공교통과는 매우 다를 수 밖에 없다.

모든 교통수단이 그렇지만 항공교통은 특히 안전확보가 매우 중요하게 적용되는 교통수단이다. 잘 알려져 있듯이, 기존의 항공교통은 안전 확보를 위해서 항공교통관제 서비스를 전반적 운항단계에 포괄적이고 의무적으로 적용하고 있다. 전통적으로, 자격을 갖춘 관제사와 조종사가 음성통신과 데이터 통신, 항법 장비 등을 활용하여 복잡하고 정교한 시스템으로 항공교통관제가 이루어진다는 것은 잘 알려져 있는 사실이다. 그러나 우리가 도입을 준비하고 있는 UAM은 고공을 비행하는 기존의 항공교통 운영과는 매우 다르게, 도심의 상공을 저고도로 비행해야 하므로 기존의 항공교통에 적용되던 안전확보 방식은 적용이 불가능하거나 비효율적일 것이다. 즉, 관제사와 조종사의 직접적인 소통에 의존하는 방식이 그대로 적용되기는 어려울 것이다. 더구나, 위성통신 등 첨단 기술에 의존하는 새로운 통신방법을 적용하면 훨씬 효과적이고 효율적인 안전확보 방안이 도출될 것으로 기대하고 연구/개발이 진행되고 있다.

새로운 교통 수단의 도입이 성공적으로 이루어지려면, 경제적 효용이나 안전 문제와 더불어 환경문제가 중요하게 대두되는 또 하나의 과제이다. 사실상, 비교적 저고도로 비행하면서, 대도시 교통수단으로 이미 다소간 사용되어온 교통수단으로 헬리콥터가 있다. 그런데 헬리콥터 운항이 교통수단으로 활성화되지 못한 중요한 요인 중 하나가 환경문제였다고 본다. 즉, 헬리콥터는 소음이 매우 강하고 화석연료의 사용에 의한 공해물질 배출 등의 환경 문제와, 고가의 연료비용에 의한 경제성도 문제로 도심 교통 수단으로 정착하지 못했던 것이다. 다행히, 최근의 기술 개발이 이러한 환경문제와 경제성 문제를 동시에 해결할 수 있는 진전을 이루어 UAM 도입이 현실화되고 구체적인 진행이 이루어지고 있는 것이다. 즉, 배터리 기술의 발전으로 전기 동력을 이용함으로써 화석연료 엔진에 의한 소음문제와 공해물질 및 온실가스 배출 문제가 없는 에너지에 의한 동력(動力)을 활용하고, 에너지 비용 문제도 해결할 수 있게 되었다.

2 도심항공교통의 공역 활용

도심항공교통(UAM)이 운영되려면 우선 공역을 확보해야 한다. 항공기가 운항하는 공역은 국가가 지정하고 관리하는데, 각 국가들은 국가공역시스템(NAS: National Airspace System)이라는 개념으로 항공기의 운항을 허용하거나 통제하는 공역을 설정하여 운영한다. 현재까지의 국가공역시스템은 장거리 운항을 위주로, 비교적 고고도를 이용하는 유인항공기가 안전하고 효율적으로 운항할 수 있도록 공역을 설계하여 항공교통 시스템이 영위되도록 해왔다. 물론, 항공기가 이착륙을 위한 기동을 하는 공항 주변지역은 저고도 공역도 통제하여 활용하고 있다. 그런데 최근 들어 극소형 무인항공기(또는 드론: Unmanned Aircraft System or Drone)가 하늘을 이용하기 시작하면서, 국가공역시스템의 개념이 확장되어야 할 필요성이 대두되었다. 현재, 또는 미래의 비행활동을 포괄할 수 있는 공역은 전통적인 유인 항공기를 위한 항공로와 공항 입출항에 필요한 공항 주변의 제한적인 저고도 공역뿐만 아니라, 소형 무인항공기를 위한 저고도 공역도 안전하고 효율적인 비행활동을 지원하기 위해 통제되고 관리, 운영되어야 할 것이다.

대부분의 국가들은 새로 출현한 소형 무인기를 위해서는 초저고도 공역(대체적으로 표고 150m 이하의 고도)을 활용하도록 설계하고 있다. 그러나 도심항공교통(UAM)은 무인항공기일 수도 있고 유인항공기일 수도 있다. 특히, 초기에는 조종사가 탑승하여 단거리로 도심지역을 운항하는 형태의 운송 사업이 도입될 것으로 예측하고 있는데, 이러한 UAM은 일반 항공교통 항공기가 운항하는 고도보다는 훨씬 낮지만 소형 무인기(드론)가 운영되는 고도보다는 높은 고도(예: 450m 수준)를 배정하여 이용할 수 있도록 설계할 것으로 계획하고 있다. 저고도 공역은 지상 건조물에 의한 위험요인이 상존하는데, 건물이나 전신주 같은 돌출물이 있고, 충돌하면 큰 피해가 발생할 수 있다. 따라서, 도심 3차원 지도와 세밀한 기상정보 등이 필요하다.

일반적으로, 도심항공교통(UAM)은 처음에는 유인항공기로 운영되다가 기술발전과 시장규모가 확대되면서 무인항공기로 전환될 것으로 로드맵이 제시되어 있다. 초기에 조종사가 탑승하여 운항하더라도 기존의 항공기 조종과는 매우 다른 기술이 적용되어 높은 수준의 자동화 환경에서 운항하게 될 것이며, 점진적으로 자동화가 심화되어 궁극적으로는 무인항공기 형태로 발전할 것으로 예측하고 있다. 따라서, UAM 항공기의 안전 운항을 위한 교통관리는 초기에는 기존의 항공교통관제사가 업무 영역을 확대하여 지원하다가 점진적으로 자동화가 심화되면서, 궁극적으로는 자율 운항 형태로 발전할 것이다. 안전운항을 위한 교통관리 자동화는 기존의 항공교통관제 시스템과는 전혀 다른 "UAM 교통서비스" 제공자와 기체 운영자들 간의 협조적 운영에 의하여 운영될 것으로 계획되고 있는데, UAM 교통서비스 제공자는 국가의 통제를 받는 민간기업으로서, 이동 통신회사와 유사한 기능으로 항공기 안전운항과 공정하고 효율적인 공역 활용을 지원할 것이다. 또한, 항공기 기체에 전자통신 시스템을 탑재하여 항공기들이 자율적으로 안전 분리를 수행할 수 있는 기능도 병행하여 적용될 것이다.

3 도심항공교통 기반시설(UAM infrastructure)

새로운 교통수단으로서, 도심항공교통을 도입, 운영하려면 필수적인 유무형의 기반시설이 갖추어져야 한다.

우선 물리적 기반시설로서 항공기가 운항할 수 있는 공역이 할당되어야 할 것이고, 항공기 이착륙과 지상조업 및 서비스를 제공할 장소로서 기존의 공항과 같은 역할을 하는 시설인 버티포트(vertiport)가 제공되어야 할 것이다. 항공기는 eVTOL로서 전기 배터리로 동력을 얻어야 하기 때문에 충전소 등 충전을 위한 기반시설도 필요하다. 전자/통신 서비스로 항공기 충돌방지 등, 운항 안전확보 체계를 갖추기 위해서는 데이터를 수집하기 위한 센서들이 적절하게 설치되고, 데이터를 저장하고 분석, 통합하는 운영업무 센터도 필요할 것이다.

둘째로, 전자적 기반시설(digital infrastructure)의 역할도 매우 중요한데, 안전확보를 위한 데이터를 통합하거나 분석하는 데 사용될 소프트웨어가 필요할 것이고, 자동화된 operational decision making을 처리하기 위한 소프트웨어도 필요할 것이다. 또한, 무인기 교통관리(UTM: UAS Traffic Management)를 위한 방대한 시스템도 구축되어야 한다.

셋째로, 국가적 또는 정부 차원에서 산업 진흥과 통제를 위한 정책 및 법규체계가 마련되어야 할 것이다. 기본적으로, 항공교통 분야에서 가장 중요하게 고려하는 운항 안전을 위한 규제체계가 마련되고, 안전 및 보안 규제 업무를 수행하는 정부 기관 및 조직이 설정되어 있어야 할 것이다. 또한, 지금까지는 사용하지 않던 도심의 저고도 공역을 활용해야 하므로, 공역의 소유권 규정도 새로이 논의하여 설정해야 할 것이며, 도심의 저고도 운항에 따른 사생활보호 문제, 환경보전 문제 등도 정부 정책과 규제의 대상이 된다. 항공기 운영자(Operator)나 공역 서비스 제공자(USP) 등은 안전하고 효율적인 운항을 위해 여러 종류의 데이터를 이용하여야 하는데, 데이터 접근이 공정하고 원활하게 이루어지도록 하는 규정도 필요할 것이다. 이러한 안전, 보안, 환경, 사생활 보호 활동을 적절히 감시할 수 있는 체계도 정부에서 마련해야 할 것이다.

4 도심항공교통(UAM) 항공기 개발과 산업

미국 항공우주연구원(NASA)은 1900년대 중반부터 수직 이착륙 항공기를 연구하면서 PAV(Personal Air Vehicle)라는 개념이 도심 교통 수단으로 사용될 수 있는 항공기 개발을 고려해왔다. 2001년부터는 PAVE(Personal Air Vehicle Exploration) 사업을 추진하여 도심 운항에 맞는 항공기 기술 개발을 본격화했고, 2002년부터는 SATS(Small Aircraft Transportation System) 프로그램을 수행했는데, 이는 하늘의 도로 구축을 위한 연구 개발이라 할 수 있다[13]. 즉, 도심항공교통의 실현을 위한 항공기의 개발과 항공로의 개발이 2000년 대부터 본격화되었다고 말할 수 있다.

이러한 기술적 발달을 토대로, 스마트폰을 기반으로 한 미국의 승차 공유 서비스 제공사인 우버(Uber)는 2016년부터 기존의 플랫폼을 이용해서 새로운 도심교통 수단인 UAM 사업을 선점하기 위해 체계적이고 통합적인 노력을 지속하고 있다[14]. 또한, 독일 등 유럽 선진국들은 2017, 2018년부터 UAM 프로젝트를 수행해오고 있다[15]. 중국에서는 "이항(EHang)"이라는 회사가 AAV(Autonomous Aerial Vehicle)로 칭하는 무인기를 이용한 도심항공교통에 참여하고 있으며 우리나라 서울 여의도 한강공원에서 2020년 11월 11일 도심교통항공기(일명, 드론 택시) 시범 비행을 한 사례도 있었다.

우리나라도 정부의 관련 부처들이 합동으로 국가 차원의 도심항공교통 사업 추진과 지원을 위한 대책을 마련하고 있다. 우리 정부는 안전성 확보를 위한 제도설정, 민간역량 확보를 위한 환경조성, 대중 수용성 확대 대책, 인프라·연계교통 구축, 공정하고 건전한 산업생태계 조성, 국제협력 확대 등을 지원하여 새로운 교통 산업 분야에서 앞장서려는 노력을 하고 있다. 이러한 노력에

13) 한국항공우주연구원, 미래형 항공기(PAV: Personal Air Vehicle) 개발 선행연구 수행성과보고서, 지식경제부, 2010

14) 한국교통연구원, 2021 교통기술혁신전망, 이슈페이퍼, 2021

15) Wikipedia, Urban Air Mobility, 2021년 4월 13일 검색

대한 정부 차원의 중요성은 관련 연구 개발 및 실증사업에 상당한 예산을 배정한 것으로 평가할 수 있다. 이와 같은 정부의 정책은 도심항공교통이 미래 산업의 여러 핵심 분야의 발전을 유도하는 역할을 한다고 보기 때문이다. 즉, UAM 운항 환경 조성과 절차에 블록체인이나 AI 기술 적용이 필요하고, 데이터 공유와 흐름에 적용되는 클라우드 컴퓨터 기술, 기체에 적용되는 IoT나 센싱 기술 등, 미래 산업 주요 부문들이 함께 발전할 수 있는 것이다.[16] 민간부문에서도 이와 같은 중요성을 인식하여 굴지의 대기업들이 적극 참여하고 있다. 한화시스템과 현대자동차가 기체개발 사업, SK는 UAM 운영사업과 무인기 공역 서비스 제공 사업에 참여하고 있다. 그러나 UAM 사업을 초기부터 고수익을 보장하는 사업으로 보는 시각은 없다. 초기 투자가 상당량 필요하기 때문에, 상용화가 시작되는 시점부터 10년 정도는 흑자를 내기 어려울 것으로 보지만, 장기적으로는 상당한 수익과 부가가치 창출이 기대되는 사업으로 평가하고 있다.

5 도심항공교통 시장

도심항공교통은 도시교통 시장에서 일정한 역할을 하게 될 것이고 시장 전망은 어떤지 살펴보는 것이 UAM 개괄의 마지막 주제가 될 것이다. 도시교통의 전통적 수단인 육상교통과 비교하여 본다면 도심항공교통도 여객 운송용 대중교통(Air Metro) 또는 에어택시(Air Taxi), 화물운송(Last-mile delivery) 등으로 나누어 생각해볼 필요가 있다[17].

먼저 UAM이 여객 운송 대중교통으로 발전할 가능성을 생각해보자. 버스나 지하철 같은 여객 운송용 대중교통 기능을 수행하려면 정해진 노선을 시간표에 의해 운행하면서 정거장을 지정하고 승객이 타고 내릴 수 있도록 해야 할

16) 정부관계부처합동, "도심의 하늘을 여는 한국형도심항공교통로드맵", 2020

17) 미국, NASA의 보고서(UAM Market Study, 2018)에 의하면 Air Metro, Air Taxi, Last-mile delivery 등의 도심항공교통 사업은 2030년쯤 수익을 창출할 수 있을 것으로 예측하고 있다.

것이다. 이러한 특성을 갖는 여객 운송용 도시 지역 대중교통 수단으로 도심항공교통이 활용될 수 있을 것이다. NASA의 보고서는 현재 또는 예측 가능한 가까운 미래의 기술 수준으로는 도심항공교통 수단이 승객 2-5명을 수용할 수 있고 10-70마일의 거리에서 경쟁력이 있는 정기운송 대중교통 수단으로 발전할 수 있을 것으로 예측하고 있다. 운송사는 교통수요가 많은 지점에 정거장에 해당하는 Vertiport라 불리는 승하차 시설을 제공하는 데 주요 빌딩의 지붕(roof)도 활용하게 될 것으로 본다.

반면에, 에어택시는 공항을 오가는 여객 운송용으로 많이 활용되어왔고 미국에서는 소형 항공기에 의한 택시 사업을 의미하는 용어로 발전했지만, 현재는 하늘을 날아다니는 택시로 사용되는 용어가 되었다. 무인기 시대의 에어택시는 승객의 호출 등에 의해 원하는 시간에 원하는 지점 간 여객 운송을 서비스하는 개인용 운송 서비스로서 승하차 지점은 역시 지정된 Vertiport가 될 것이다. 항공기는 사전 입력된 프로그램에 의해 운행되는 자동운항(Autonomous) 형태로 운영될 수 있다.

화물운송은 해당 도시의 물류허브(local distribution hub)에서 최종 배송 차량까지 급송화물(rapid package)을 운송하는 기능을 담당할 것으로 가정하는데 소형 무인기를 이용하여 5파운드 이하 중량의 소화물을 대상으로 하여 왕복 10마일 거리 이내의 운송을 가정했을 때 시장성이 있는 것으로 가정하고 있다(NASA, 2018).

무인기 공역(U-space) 운영개념과 도심항공교통

CHAPTER

2

FAA의 UAM ConOps

2 FAA의 UAM ConOps[18)]

1 서론(introduction)

(1) 범위(scope)

UAM은 도심이나 도시 주변에서 고도로 자동화되고, 협력적인 방법으로 승객이나 화물을 운송하는 항공교통 서비스로서, AAM(Advanced Air Mobility) 개념의 하부 분야이다. AAM의 일부 분야로서, UAM은 대도시권이나 도심 지역의 승객 및 화물운송에 초점을 맞춘 운항을 의미한다.

본 운영개념 문건의 목적은 FAA, NASA 및 연관 산업체의 관련자에게 도전과 기술 및 잠재력 등에 대한, 공유된 이해를 바탕으로 UAM 논의와 의사결정을 지원하는 공통적 기준의 체계를 제공하는 것이다. 사례 목적을 제외하고는, 해법이나 구체적 이행방법, 상세한 운영절차 등은 설명되지 않는다. 이 운영개념은, 검증과정을 통하여 성숙되고 업데이트될 것이며, 관련자 참여가 지속되고, 추가적인 운영적 시나리오도 계속 개발될 것이다.

다음 버전은 증가하는 교통밀도와 복잡성에 따른, 협조적 환경과 운영지원을 위한 규정 변경의 필요성을 식별할 것이다. 현재의 산업계 예상으로는 초기

18) FAA, Urban Air Mobility(UAM) Concept of Operation, 2023

에는 조종사가 UAM 항공기에 탑승하고, 향후 원격 조종 항공기로 발전할 것이다. 이 문건은 조종사가 탑승하여 협조적 환경에서 운항하는 상황을 가정하여 논의한다.

2 배경(background)

교통은 지속적으로 발전하며, 발전의 각 단계마다 인간과 거리와 여행의 관계에서 근본적으로 변화하는 기회를 창출한다. UAM은 지표 교통량을 상당 수준으로 줄이지는 못하지만, 피크타임에 교통 혼잡을 완화시키는 대안적 수단을 제공할 것이다.

(1) 변화의 동력(drivers for change)

UAM 개념을 운영적 실행 가능 단계로 성숙시키기 위해서는, 이해 당사자들의 비즈니스 모델과 운영적 필요성뿐만 아니라, 국가 공역에 통합시키는 데에 따른 영향을 이해하는 것이 중요하다. FAA는 UAM 항공기의 바람직한 운항과 환경의 사례를 식별하기 위하여, NASA와 협력하고, 일련의 추가적인 산업계 관계자 연합에 참여하였다.

UAM 운영의 볼륨은 상당히 증가할 것이다. UAM 운영은 현행의 ATS에서 정의하지 못한 것들을 필요로 할 것이지만, 어느 정도까지는, 현행의 ATS를 필요로 할 것이고, UAM 교통량의 증가에 따라, 머지않아 ATS 업무 자원 용량이 과부하될 것이다. 유인 항공기 운항을 위한 현행의 패러다임으로부터 운영자들 간의 상황인식 공유가 증가되고 협력이 증가되는 해법이 필요해진다. 또한, FAA는 UAM 개념을 지속적으로 성숙시킴에 따라 UAM 운영자에 대한 지원 시스템을 추가 도입할 것이다.

새로운 운영상황도 어느 정도는 현행의 ATS를 필요로 할 것이지만, 증가하는 UAM 운항 편 수는 ATS 업무 자원에 새로운 도전이 될 것이다. 몇몇 산업계

선도자들과 관계자들은 대중들에게 개인 교통수단과 화물 서비스를 제공할 수 있도록 하는 것을 목표로 새로운 개념과 기술에 막대한 투자를 했다. 개인 교통수단은 정기운송, 주문형 수요 운송, 주요 도심지역 교통수단 간 운송 연결 부분 서비스가 주요 목표 시장이 될 것이다. 탑승 공유 경제 모델에 항공기를 통합시키고 자동화하는 일상을 수용하는 대중들이 늘어나는 상황은 UAM 운영 증가에 도움이 될 것이다.

(2) 항공기의 진화(aircraft evolution)

동 산업의 비전은 새로운 항공기 설계와 시스템 기술통합에 깊숙이 관련된다. 일부 새로운 항공기 설계는 전통적인 고정익 항공기와 유사하지만, 일부 항공기들은 대도시 내 이동을 위한 환경에서 운항하는 데 적합하도록 수직 이착륙과 동력 고양을 포함하도록 설계되고 있다. DEP(Distributed Electric Propulsion)와 eVTOL의 개발에 기인한 주요한 항공기 기술 혁신은 기존의 전통적인 항공기보다 많은 지역에서 더욱 빈번한 운항을 할 수 있도록 이용될 것이다.

(3) 버티포트 고려사항(vertiport considerations)

주 정부와 지방정부는 교통시설과 시장 선택, 지역사회의 수요 수용을 확보하기 위해 능동적으로 UAM 기반시설을 계획하도록 고무되고 있다. 버티포트와 버티스톱은 FAA가 평가한 예측에 근거한 성장을 확보하고, 특히, 화물운송을 지원하는 시설로서, 지상교통과의 적절한 연결을 위해 적절한 입지를 선택해야 한다. 지방정부는 버티포트와 버티스톱 및 그 주변지역의 보호를 위해 '지역보호(zoning protection)'를 수행해야 한다. 주 정부와 지방정부를 포함한 대도시권 계획부서는 연속적인 커버리지와 수용량 확보를 위해 UAM 기반시설 계획을 상위 규모의 교통계획과 기본적 기반시설 계획에 통합해야 한다. 상위 교통계획에 지역사회 참여와 전략적 연결성을 결합하는 것은 UAM 효익 극대화를 확보하는 열쇠가 된다.

3 운영환경적 관점(operating environment perspectives)

(1) 개괄(overview)

국가 공역 시스템의 운영환경은 공역, 운항의 종류, 규제, 운항을 지원하는 절차 등을 포함한다. 현재로서는, 공역 사용자에게 제공되는 국가 공역 시스템 서비스 범위는 ATS 범주하에 있는 최상위 레벨이라는 특성을 갖는다. 이 서비스들은 ATC에 의한 분리, TFM(Traffice Flow Management), 권고(advisories), 기반시설(CNS) 등을 포함한다. 발전적 개념은 미래의 국가 공역 서비스 필요성과 도전을 고려하여, UTM이나 AAM/UAM, ETM 등과 같은 고도로 자동화된, 협력적 환경을 도입하는 방향으로 묘사되고 있다. 이러한 운영개념들은 공역 사용자 간에 공유되는 비행 의도 정보에 의존하며, 협력적 분야(CA: Cooperative Areas)로 정의되는 새로운 형태의 운항을 지원하는 데 필요한 진화하는 규제체제에 의해서 지배될 것이다.

(2) UAM 협력적 환경(UAM cooperative environments)

최근의 기술 개발은 새로운 형태의 운항 도입을 촉진하는 고도로 자동화된 기능과 저렴한 운항비용을 가능하게 하는 혁신적 항공기를 산업계에서 개발할 수 있게 하였다. 동시에, 실시간 정보공유와 연합된 서비스 네트워크에 역할과 기능을 배분하는 형태의 발전이 나날이 성숙해가고 있다. 이러한 도전과 기회에 반응하여 고도로 자동화되고, 연합된 서비스 네트워크에 의존하는 협력적 환경이 복수의 운영개념을 통하여 실현되었다. 이러한 것들이 미래 서비스의 추가적인 면모이고 국가 공역 서비스의 일부가 되는 것이다. xTM(Extensible Traffic Management)은 이러한 협력적 서비스 환경을 일반적으로 지칭하는 용어이며, UTM, AAM/UAM, ETM 등을 포괄한다. UAM 운항은 AAM의 하부로서, UAM 회랑(Corridors)이라고 지칭되는 CA 안에서 운영된다. 국가는 규제체제의 진화에 따라, 새로 출현하는 항공기와 미래형 운항을 지원하는 혁신적 개념과 기술과 기법을 적용하도록 하는 지침을 제공하게 될 것이다. 아래의 그림은 현행의 서비스 전개 환경과 미래의 협력적 환경에 관련되는 AAM/UAM 환경(붉은색선 내부)을 묘사하고 있다.

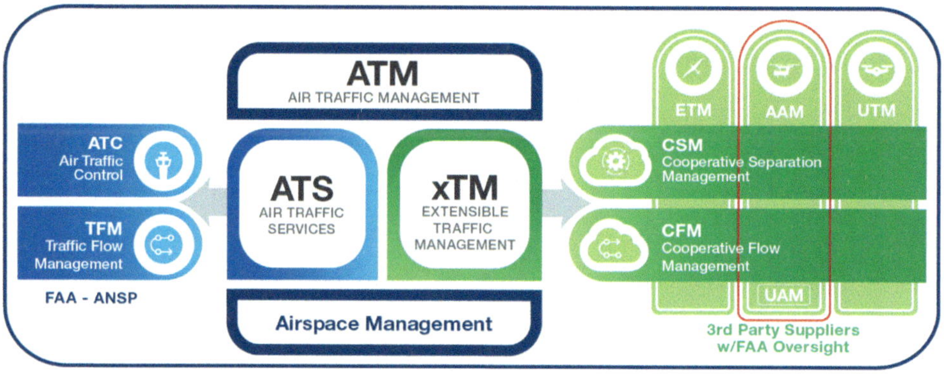

미래의 국가 공역 서비스의 일부로서, 보완적인 서비스 제공 환경(예: ATS와 xTM)이 미래 수요에 부응하는 확장성을 돕고, 다양한 기술분야(예: cloud computing, 통신, 정보관리 등)의 급속한 진화에 따른 기회를 유연하게 포착할 수 있는 잠재적 옵션으로 평가될 것이다.

(3) ATS 환경에서의 운항(operations in the ATS environment)

모든 항공기들은 운항을 수행하는 공역의 규제적 요건을 준수할 것이 요구된다. UAM 운항도 UAM 항공기들이 협력적으로 관리되는 운항을 할 수 있도록 정의된 공역의 볼륨 내에서 수행된다. UAM 항공기가 ATS 환경에서 운항할 때는 해당 공역 등급의 ATS 요건을 따르면서 비행해야 한다. UAM 항공기도 다른 현행의 NAS 운항처럼, VFR(VMC인 경우)이든, IFR(IMC인 경우)이든 적용되는 ATS 규정에 따라 비행해야 한다. 능력이 있는 항공기와 운영자는 CA 외부의 ATS 운항을 활용하거나, CA 기반으로 운항하는 경우도, 협력적 서비스 중에서

이로운 운항 방법을 선택할 수 있는데, 현행의 운항 관행에 따라, 비행의 조건과 환경에 순응하여 선택할 수 있다.

4 용어의 정의(definitions)

- Automated Flight Rules(AFRs) - UAM 코리도 내에서 적용되는 규칙으로서, 현행의 VFR/IFR로부터 진화한 내용이 반영된 규칙이며, V2V나 데이터 교환과 같은 발전된 기술과 절차를 고려한 비행규칙이다. 설정된 조건하에서, 시스템 또는 자동화에 의해 "미리 결정된 분리자(predetermined separator)"의 역할이 배정될 것이다.
- Cooperative Area - 협력적으로 관리되는 운항이 이루어지는 공역 볼륨(예: UAM 코리도). ATC는 협력적 운항(CA)에 참여하지 않는 항공기의 분리를 확보한다.
- Cooperative Operating Practices(COPs) - CA 공역 내에서(예: UAM 코리도), 충돌관리, 공역사용 공정성, 수요-용량 균형(DCB: Demand Capacity Balancing) 등을 포함하는 협력적 운항관리를 어떻게 할 것인지를 산업계에서 정의하고 FAA가 승인한 관행
- Cooperative Operation - 협력적 서비스(예: 분리, 흐름관리)를 적용하는 운항을 의미하는 용어. CA 내에서 적용되는 규정을 따르고, COP에 따라서 운항의도(Operational Intent)와 기타 정보를 공유/교환한다.
- Federated Service Network - 승인된 COP에 따른 공통적이고 합의된 방법으로 운항을 지원하는 연합된 네트워크 내에서 정보를 공유하는 일단의 서비스 제공자들
- Fully Integrated Information Environment - 효과적으로 서비스를 제공하고, 관련자들 간에 정보교환을 촉진하는 데 필요한 핵심 속성과 정보환경
- Service Environment(s) - 서비스(예: 충돌관리, 흐름관리)가 제공되기 위한,

확실한 규정, 절차 및 자동화된 지원 메커니즘을 집합적으로 의미함. 미래에는, NAS가 현행의 ATS 환경뿐만 아니라, 보완적이고 협력적인 xTM 서비스 환경을 포함할 것으로 예견됨

- UAM Aircraft – UAM 운항에 참여하기로 선택된 항공기
- UAM Corridor – 내부에서 협력적으로 관리되는 운항이 이루어지는 공역 볼륨으로서, 하나의 특정한 CA 형태. ATC는 CA에서 협력적 운항에 참여하지 않는 항공기의 분리를 확실히 한다. 3차원의 루트로 정의된 공역 볼륨으로 구성되며, 부여된 성능 요건을 갖는 복수의 부분으로 나뉜다.
- UAM Operation – UAM 코리도에서 발생하는 특정 형태의 협력적 운항으로, UAM에 특정된 규칙과 절차, 성능요건, COP 등에 따라 수행된다.
- UAM Operator – 하나 또는 복수의 UAM 운항 전반의 이행과 관리에 책임이 있는 개인이나 기관. 운영자는 운항 계획을 수립하고, 비행정보를 공유하며, 안전한 비행 수행을 지원하기 위한 기반시설과 장비 및 서비스가 제공되도록 해야 한다.
- Vertiports – 공공적, 또는 사적인 버티포트나 버티스톱의 다양한 시스템을 의미하는 집합적 용어
  - Vertiport – 전기, 수소, 하이브리드 VTOL의 착륙과 이륙을 위해 사용되도록 의도된 땅이나 구조물. 버티포트는 연관된 빌딩과 시설을 포함할 수 있다.
  - Vertistop – 버티스톱은 승객이나 화물을 싣거나 내리는 데 사용되는 최소한으로 개발된 버티포트(예: 급유, 정비, 수리를 위한 시설이나 항공기 스토리지 등이 없음)를 묘사하는 일반적 용어

5 UAM 운영의 원칙과 가정(principles and assumptions)

다음과 같은 원칙과 가정이 UAM 운항 환경의 개발과 UAM 개념의 진화에 지침이 된다.

- FAA는 NAS 공역과 운영에 관한 규제 권한을 보유한다.
  - UAM 항공기는 NAS의 일부로서 규제적, 운항적, 기술적 환경 안에서 운항한다.
  - 규제 환경의 모든 진화는 항상 NAS의 안전성을 유지하도록 한다.
- FAA는 공역의 수용량과 활용성 최적화를 위해 항공기의 운항 성능 요건을 향상시킬 수 있는 권한을 갖는다.
- FAA는 UAM 운항과 관련한 정보에 필요할 때 접근할 수 있다.
- 공역관리는 필요한 경우에 정적이 되고, 가능하면 유연할 것이다.
- UAM 운영자:
  - 자신들의 운항의 조정, 수행, 관리에 책임이 있음
  - 적용되는 운항 규제체제와 운항이 수행되는 공역의 규제체제 및 적용되는 COP에 맞추어 운항을 이행함
  - 비행의도를 공유하며, PSU(Provider of Service for UAM)를 통하여 관련되는 여타의 운항에 관한 비행의도를 인식해야 함
  - 전체 환경의 최적화를 훼손하면서 자신들의 운항을 최적화할 수 없음
- 관련 주체들이 협력적으로 개발하고 정부의 승인을 획득한 COP에 따라 협력적 교통관리가 수행됨
  - UAM 운항 횟수가 증가함에 따라, DCB 간섭이 요구될 수 있음
  - 운영 템포가 증가함에 따라, 증강된 항공기 성능이나 ATM 시스템 신뢰도에 기반하는 새로운 분리 기준 입안을 포함한, 새로운 ATC의 비행 중 충돌방지 기술이 사용될 수 있을 것임
  - UAM 서비스를 위한 architecture는 유연하고 확장적이어야 함. 운영자나 제3자 서비스 제공자는 상호 운용성 확보를 위해 공통의 표준이나 메시

지 프로토콜을 사용하여 정보를 공유해야 함

- UAM이 운항하는 동안 운영자는 정보를 수신하고 교환하기 위해 PSU를 활용할 수도 있음

6 UAM 운항의 진화(evolution of UAM operations)

UAM 운항의 진화는 다음과 같은 핵심 지표들에 의해 특성화된다.

① Operational Tempo : UAM 운항의 밀도, 빈도, 복잡성으로 표현됨. Tempo는 복잡하지 않은 소수의 운항으로부터, 고밀도, 고빈도, 복잡한 운항으로 진화함

② UAM Structure(공역과 절차) : UAM 환경을 지원하는 기반시설과 서비스의 복잡도 수준

③ UAM-Driven Regulatory Changes : 현존하는 규정은 UAM 운항의 구조와 성능의 필요성에 따라 진화할 필요가 있을 것임

④ UAM COPs : COPs는 미래의 기대와 상호작용 설정을 위한 규정 개선을 이행해야 함

⑤ Aircraft Automation Level : UAM 항공기 운용 시스템에 PIC의 간여 수준으로서, 다음과 같은 범주로 항공기 자동화 진화 단계를 묘사함

- Human-Within-the-Loop(HWTL) : 인간이 항상 직접적으로 자동화를 통제함
- Human-on-the-Loop(HOTL) : 인간은 자동화를 감시성으로 통제. 적극적으로 시스템을 모니터하고 필요한 경우 완전 통제함
- Human-Over-the-Loop(HOVTL)
  - 인간은 자동화 시스템에 의해 행동을 취하도록 정보를 받거나 간여됨
  - 인간은 수동적으로 시스템을 모니터하고, 자동화에 의해 어떤 조치가 필요한지 통보받음

◦ 인간은 자동화에 의해 간섭하는데, 조정할 수 없는 예외적 상황 등의 경우를 위해서임

⑥ Location of the PIC: PIC의 물리적 위치. UAM 운항은 PIC가 UAM 항공기에 탑승하는 운항으로부터, 추가적인 항공기 자동화 기술 도래에 따라 RPICs/remote operator 운항으로 진화할 것임

아래의 그림은 UAM 운항의 진화를 운항 템포 수준의 증가와 공역 구조 및 절차와 관련해서 묘사한 것이다.

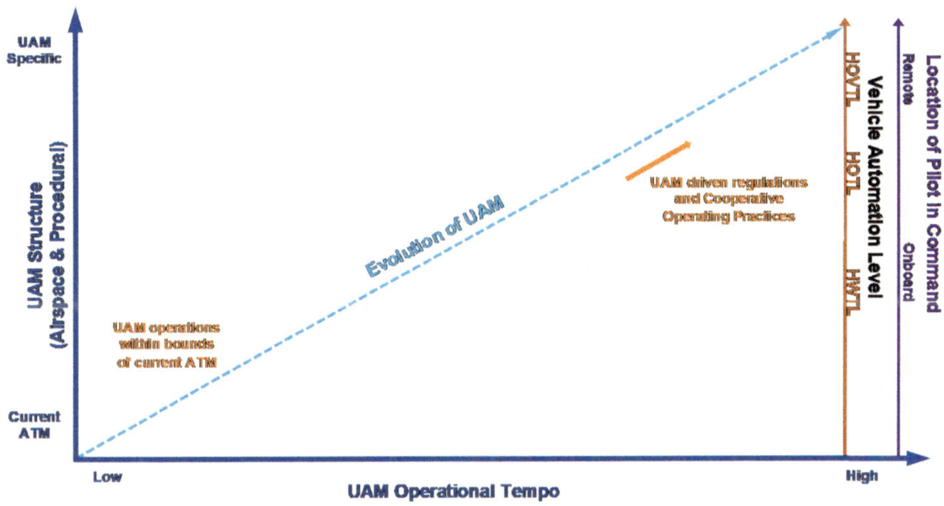

(1) 초기의 UAM 운항(initial UAM operations)

초기의 UAM 운항은 UAM 항공기가 현행의 ATS 규칙과 규정을 이용해서 이행할 것이다(예: VFR, IFR). 초기 UAM 운항의 핵심 지표는 다음과 같다.

- Operational Tempo: Low
- UAM Structure(Airspace and Procedural) : UAM 고유의 구조나 절차는 없으며, 운항은 기존의 ATS와 루트를 사용하며, 필요한 경우 새로운 루트를 창출

할 것임

- UAM-Driven Regulatory Changes : 초기의 UAM 운항은 기존의 규칙, 규정, 현지 합의 등을 이용하여 이행됨
- UAM COPs : COPs 존재하지 않음. 필요한 경우, LOA(Letters of Agreement)와 같은 합의에 의존하여 협력 문제를 해결할 것임
- Aircraft Automation Level : 오토파일럿이나 오토랜딩과 같은 현행의 유인기나 헬리콥터 기술을 적용함
- Location of the PIC : 항공기 탑승

UAM 항공기들은 현행의 규제와 절차 및 지정된 루트로 지원을 받으며 운항할 것이다. 현행의 운항 패러다임을 벗어나는 추가적인 운항은 LOA와 항로 및 기타 절차의 변경 등을 이용해서 추가적인 수요와 운항 위치 등을 수용할 수 있도록 기존 ATS 시스템의 규제체제 안에서 시도된다. 산업계가 수요의 증가에 맞추기 위한 UAM 운항 증가가 비용 효과적으로 되기를 기대하기 때문에, UAM 운항 수요는 궁극적으로 현행의 규제와 ATS 서비스의 한계치에 도달할 것이다.

(2) 중기 운항(midterm operations)

증가해 가는 템포와 함께, UAM 운항은 COPs, UAM 기반시설, 자동화 등에 의해 보강된 지배 규제 변화를 통한 진화를 할 것이다. 협력적 운용, 풍부한 정보, 데이터 공유 환경으로의 진화는 새로운 기술과 역량을 필요로 할 것이다. UAM 운영자와 기타 관련 주체들은 식별된 운항 정보에 필요한 접근을 하면서, FAA와 정보를 공유할 것이다.

중기의 운항은 증가하는 운영 템포를 수용할 수 있는 환경에 의해 지원받을 것이다. 중기 운항의 핵심 지표는 다음과 같다.

- Operational Tempo : 낮은 수준이지만, 기존의 규제체제나 절차에 변화의 필요성을 야기할 정도의 수준으로 증가했다.

- UAM Structure(Airspace and Procedural) : UAM 항공기는 UAM 코리도 내에서 비행한다. UAM 운항은 확인된 UAM 운항의도(operational intent)에 따라 이행되는데, 운항의도에는 UAM 운항편명, 이용할 UAM 코리도들, 공항과 버티포트, 주요 운항 이행 시간(예: 출발, 도착 시간 등)을 포함하는 운항 상세 정보가 포함된다. 협력적인 환경의 UAM 코리도 내에서 운항하는 동안, 운항 자체를 UAM 참여자로 간주한다. ATC는 협력적 운항에 참여하지 않는 항공기를 협력적 운항이나 CA로부터 분리를 확보하도록 해야 한다. 충돌방지 대책이 UAM 운영자 또는 시각적 분리의 책임이 있는 PIC에게 부여될 수도 있다.
- UAM-Driven Regulatory Changes : ATS 규제를 UAM 코리도 내에서 운항을 가능하게 하는 새로운 UAM 규제로 변화시킨다.
- UAM COPs : 산업계 표준이나 FAA 지침서에 따라서 COPs가 정의된다. COPs는 FAA의 승인을 필요로 한다.
- Aircraft Automation Level : PICs는 새롭게 적용되는 능력(예: 단순화된 항공기 운항)을 위해 항공기를 통제할 수 있다.
- Location of the PIC : 대체적으로 탑승하지만, 보완적으로 RPIC에 의해 운항할 수도 있다. (단, 운항편마다 한 명의 RPIC 배정)

항공기의 능력 및 장비 발전과 함께 운항횟수와 복잡성이, 현재의 규칙(예: VFR, IFR)에 의하여 효과적으로 지원될 수 없을 정도로 증가할 것이다. 증가된 교통 수요를 지원하기 위해서는, 새롭거나 수정된 절차나 업데이트된 규제체제, COPs 등과 함께, UAM 협력적 환경이 개발되고 이행될 필요가 있다. 협력적 UAM 환경(예: UAM 코리도)은 참여자들에 의해 좌우되는 정해진 변수들에 의한 성능기반 공역 구조라 할 수 있다. UAM 코리도는 공역 사용자들에게 알려져 있어야 하고, 접근과 운항을 명시한 규칙들에 의하여 지배되어야 한다. 지원 기반시설과 서비스가 참여 요건을 만족시킬 때, UAM 운항이 수행될 수 있다. 성능요건과 참여요건을 만족시키는 항공기를 사용하는 운영자들은 UAM

코리도 내에서 운항을 수행할 수 있다.

초기에는, UAM 코리도의 개수가 적거나 사용이 제한적일 것이지만, 시간이 흐름에 따라, 교통량이 안전성과 효율성의 관점에서 코리도 설립을 필요로 하도록 증가한 공역에서, 추가적으로 코리도가 도입될 것이다. UAM 코리도는 현재 사용되는 등급화된 공역을 통과할 수도 있을 것이다. UAM 코리도 내에서의 운항은, 산업계 표준이나 FAA의 국가 공역 안전성, 공정성, 보안성 유지를 위한 규제 지침에 근거해서, 관련 주체들의 커뮤니티에 의해서 협력적으로 개발된 COPs에 의해 지원될 것이다. COPs의 협력적 개발은 관련 주체들이 상호작용적인 규범에 대한 동의를 허용함으로써, ATC에 의한 개별 비행편에 대한 비행 중 통제나 접근 관리의 필요성을 줄여줄 것이다. 협력적으로 개발되고, 투명하며, 표준적인 COPs는 UAM 운항을 위한 예상된 규제 원칙을 증강시킬 것이다.

(3) 성숙된 운항 단계(mature state operations)

UAM 템포의 증가에 따라, UAM 운항은 운항 수요를 지원하기 위해 더욱 진화할 것이다. 성숙된 UAM 운항 단계의 주요 지표는 다음과 같다.

- Operational Tempo : 운항 템포는 심각하게 증가한다. 고도의 운항 템포는 다른 지표들의 성숙을 재촉할 것이다.
- UAM Structure(Airspace and Procedural) : UAM 운항은 UAM 코리도 내에서 계속 발생할 것이다. UAM 코리도는 증가된 숫자의 버티포트를 지원하기 위한 항로 최적화를 위해 네트워크를 형성할 수도 있다. UAM 코리도의 내부적 구조는 복잡성이 증가되고, UAM 참가를 위해서 필요한 성능 요소도 증가할 것이다. ATC는 비참가 항공기를 협력적 운항이나 CA로부터 확실하게 분리를 해야 한다. 충돌방지 대책이 UAM 운영자나 PIC, 또는 자동화에 부과될 것이다.
- UAM-Driven Regulatory Changes : UAM 코리도 내에서의 협력적 운항을 가능

하게 하려면, 확장된 UAM 규제가 필요할 것이다.

- UAM COPs : COPs의 복잡성과 지침서 개발 및 COP 승인을 위한 FAA 참여 등이 개별적 특별 이슈를 위해 진행된다.
- Aircraft Automation Level : 자동화 개선은 HOVTL 능력에 이를 것이다.
- Location of the PIC : 원격 조종이 PIC 운항처럼 광범위하게 적용될 것이다.

중간 단계에서부터 템포가 증가함에 따라, UAM 환경의 개선과 항공기의 개선이 필요하게 된다. 한계성을 극복하기 위해, 데이터 공유의 진척과, DCB 개선, UAM 구조 개선, 항공기 자동화 등을 통하여, UAM은 성숙단계로 진화할 수 있을 것이다. 성숙단계에서의 운항은 UAM을 위한 규제 변화에 의해, 추가적인 COPs를 포함할지도 모른다.

7 UAM 운영개념(UAM operational concept)

(1) 개괄(overview)

UAM 운항을 수행하는 UAM 운영자는 UAM 코리도 내에서 안전하고 효율적인 비행을 수행하기 위해서 협력적으로 정보를 공유하고 협력적인 서비스에 연합되어야 한다. UAM 코리도 구조, UAM 절차, 정보공유, UAM 성능 범주 등은 운영 템포 증가를 가능하게 하고, ATS에 대한 영향을 최소화 할 수 있도록 해야 한다. UAM 운항은 PSU에 의하여 지원되는데, PSU는 연합된 서비스 네트워크를 구성하여, 모든 관련 참여자들(예: UAM 운영자/PIC, PSU, FAA 및 공공이익 주체 등)의 정보들을 교환, 분석, 중재하여, 모든 운항 단계에서 개별적 UAM 운영자나 PIC의 능력을 고양시켜 준다.

UAM 코리도에서 운항하는 모든 항공기는 UAM 환경에서 요구하는 성능과 참가요건을 갖추어야 한다. UAM 코리도 내에서는 충돌방지 책임이 ATC에 의해 UAM 운영자나 PIC에 할당된다. UAM 커뮤니티는 운항 표준으로서, COPs를 협력적으로 개발하고 수립해야 한다. FAA는 COP 지침을 제공하는 데 기여하고, 구체적 초점과 토픽, COP가 추구하는 부분 등에 근거해서 COPs를 승인해야 한다. UAM COPs뿐만 아니라, UAM 코리도 설계, 성능, 참여 요건 등은 표준화된 비정상 프로토콜을 이행함으로써, UAM의 비정상 사건에 대한 ATC의 간여를 축소할 수 있도록 설계되어야 한다. UAM 코리도 밖에서 운항하는 UAM 항공기는 해당 공역에 적용되는 운항 규칙과 절차를 따라야 한다.

운영자들이 규제체제와 적용되는 COPs에 상응하는 협력과, 이행, 운항관리에 책임이 있는 상황에서, UAM은 공통적이고, 공유되는 기술적 환경을 이용한다. 이러한 망 정보 교환은 관련 주체들이 UAM 운항을 계획, 관리, 이행, 감시하는 초석이 된다. 추가적인 관련 주체들은 공유되는 UAM 운항 정보를 필요할 때 접근할 수 있다.

(2) 협력적 운항 관례(COP: cooperative operating practices)

COPs는 연관된 주체들을 아우를 수 있는 공통된 비즈니스 규칙으로서, 가시적이며, 연합되고, 고도로 자동화된, 협력적 환경이 성공적으로 형성되는 기본이 된다. COPs를 개발하고, 적용하고, 이행하는 데에는 광범위한 부분의 문제와 도전을 식별하고 해결하기 위하여, 다음과 같은 여러 관련 주체들을 상통하는 협력이 필요하다: 운영자, 산업계, 규제자로서 FAA 등. 제기되는 문제들로서는 필요한 규칙이 무엇인지, 그 규칙이 어떻게 표현되고, 관리되어야 하는지 등이 포함될 것이다.

COPs는 산업계에서 정의해야 하고, FAA가 승인하는 관례로서, 협력적 UAM 환경에서, 충돌관리, 공역 사용의 공정성, DCB 등을 포함하는 운영 요소들을 운영자들이 어떻게 협력적으로 관리해야 하는지를 다뤄야 한다.

COPs는 규제체제와 일관성을 가져야 하며, 규제체제에 맞게 보강, 업데이트되어야 한다. COPs 개발 시한은 운영자들이 현행의 규제체제(예: VFR, IFR)에서 이행하는 것과 차별되는, 협력적 UAM 운항의 이행을 바라는 열망의 정도에 의해 추정될 수 있다. UAM 운항의 템포와 복잡성이 증가함에 따라, COPs가 포괄해야 할 토픽의 범위와 복잡성도 역시 증가할 것이다. 산업계와 정부(예: FAA, DOT 등)의 관계는 각 COP의 관점에 따라 상이할 것이다. 가령, 개별 COP의 규칙이나 토픽 분야가 규제 당국의 필요한 간여 수준을 결정할 수도 있다. 간여 수준은 또한, 특정 COP의 협력 작용에 정부가 참여하는 수준을 의미할 수도 있다. 규제 당국의 간여 범위는 극소수준에서 고도수준까지 폭이 넓을 수도 있다. 고도수준에서는 산업계가 COP를 운영적으로 사용하기 전에, 신중한 문서화, 테스트, 공식적 수용, 승인 혹은 품질보증 등이 규제 당국에 의해 요구될 수 있다.

특정 COP가 운영적으로 적용되기 전 단계에, 정부와 산업계의 관계에서 고려되는 또 한 측면은 "공정성 의제(equity interest)"이다. 이것은 특정 COP가 다루는 토픽 분야가 얼마나 밀접하게 정부 책임분야나 정부정책과 관계가 있느냐에 준거한다. 항공안전에 초점이 있는 COP들은 FAA의 규제 임무에 직접적으로 연결된다. 연합적 서비스 네트워크에 참여하기 위한 불필요한 반-경쟁적 기술적 특성을 회피하는 것과 같은 COPs는 FAA 이외의 정책 분야에 영향을 받을 것이다.

(3) 역할과 책임(roles and responsibilities)

① FAA의 역할과 책임

FAA는 UAM을 위한 규제와 ATC 및 NAS 데이터 교환 역할을 한다. 이 세 가지 사항에 대한 상세 설명은 다음과 같다.

- 규제(Regulation)

  FAA는 모든 공역의 항공기 운항에 대한 연방 당국이며, 국가공역 시스템에서 운항하는 민간항공의 규제 및 감시 당국이다. FAA는 공역 사용자들이 자신들의 운항 목적을 달성하는 데 필요한 자원에 접근하는 것과 공역의 공유된 사용이 안전하고 공정하게 이루어질 수 있도록 확보하기 위하여 운영적 환경을 유지한다. FAA는 UAM 운항을 지원하기 위한 규정을 개발하고 수정하며, FAA 권위(예: NAS 안전성, 공정한 공역접근, 보안 등)의 유지가 확보되도록 COPs를 승인한다. FAA는 또한, UAM 코리도 설정(예: 노선과 고도)이 정의되고, 유지되고, 공공적으로 가용하도록 하고, UAM 코리도의 성능 요건을 관리한다.

- 항공교통관제(ATC)

  ATC의 주요 목적은 국가공역 시스템 내에서 항공기의 안전이동을 유지하는 것이다. 이 목적은 고밀도의 UAM 운항을 위해서는, ATM 현대화를 통하여 달성될 수 있을 것이다. ATC는 협력적 운항(또는 CA) 지역에서, 협력에 참여하지 않는 항공기의 분리를 확보할 것이다. 필요한 경우, ATC는 알려진 UAM 운항(예: 활성화된 UAM 코리도)에 대하여, ATC 서비스를 받는 항공기에게 교통 조언을 발부할 것이다. ATC는 참여자들로부터 필요한 정보를 요청할 수도 있고, 적절한 요건에 의하여 자동화된 통보를 받을 수도 있다.

UAM 운항을 가능하게 하는 ATC의 책임은 다음과 같다:

- UAM 코리도의 가용성(예: open or closed)을 운영적 설계(예: 시간, 인근 공항의 흐름 방향)에 근거하여 조정한다.
- 필요한 경우, 알려진 UAM 운항관련 정보(예: 활성화된 UAM 코리도)를 ATC 서비스를 받는 항공기에게 제공한다.
- 필요한 경우, UAM 비정상 운항에 대응한다.
- 비행 중 분리 확보가 요구되는 경우, UAM 항공기기 운항하는 공역에 현행의 또는 새로 개발될 적절한 서비스를 제공한다.

책임 완수를 위하여, ATC는 UAM 운항관련 정보를 검토할 수 있다.

- 국가공역시스템 데이터 교환(NAS Data Exchange)

  FAA의 NAS data sources는 FAA와 산업계 간의 교환 프로토콜에 의하여 UAM

운항에 사용 가능하며, UAM 커뮤니티와 FAA 운영 시스템 간에 승인된 데이터들이 흐르도록 한다. 이러한 FAA와 UAM 관련 주체들 간의 인터페이스는 FAA 시스템과 데이터에 직접 접근할 수 없는 외부 기관의 접점이 되는 것이다. FAA와 산업계 간에 데이터 교환 창구를 통하여 가용한 FAA data source에는 비행 데이터, 제한사항, charted routes, 활성화된 SAA(Special Activity Airspaces) 등이 포함된다.

② UAM 운영자(UAM operator)의 역할과 책임

UAM 운영자는 개인 고객이나 복합 교통수단 운영자(intermodal operator)의 요청에 의해 정기운송 서비스나 주문형(on-demand) 서비스를 위한 운항을 수행할 것이다. UAM 운영자는 규제를 따라야 할 책임과, UAM 운항과 관련한 모든 측면에 책임이 있다. 또한, UAM 운영자는 UAM 환경 내에서 협력적 관리에 의하여 운항을 수행하는 공역 사용자라 할 수 있다.

UAM 운영자는 PSU와 SDSP 서비스로부터 현재 상황(예: 환경, 상황인식, 전략적 운항 수요, 버티포트 가용성, 추가 데이터 등)을 입수하여, 원하는 UAM 운항의도 정보를 결정한다. 운항의도 정보는 비행 장소(예: 버티포트 위치), 항로(예: 특정한 UAM 코리도), UAM 코리도 입/출 지점과 예상되는 비행시간 등을 포함할 수 있다.

UAM 운영자는 UAM 코리도에서 비행하기 위해서, 확인된 UAM '운항의도'가 있어야 한다. UAM '운항의도' 데이터는 다음과 같은 일차적 기능을 제공한다;

- 안전과 공유된 경각심 촉진을 위하여, UAM 코리도 내의 인접한 운항을 하는 다른 UAM 운영자들에게 운항의도 정보를 제공한다.
- 전략적 충돌 방지를 가능하게 한다.
- 운항이 의도된 지역에 대한 알려진 공역 제한과 금지 사항의 식별 및 배포를 가능하게 한다.

- 공간적, 시간적으로 관련되는 조언, 기상, 추가 데이터의 배포를 가능하게 한다.
- 협력적 분리 관리 서비스를 지원한다. (예: 준수 모니터링, 조언 서비스 등)

UAM 운영자는 비정상 사건에 대한 계획도 수립하는데, 대체 착륙지의 이해와 운항하는 UAM 코리도 경계지역의 공역 등급 이해를 포함한다. 운항이 끝나면, UAM 운영자는 PSU에게 통보한다.

③ 책임 조종사(PIC: pilot in command)

PIC는 UAM 항공기에 탑승하여, 비행 중에 안전과 운항을 궁극적으로 책임지는 사람이다. 현재의 운영개념은 조종사의 탑승을 가정하는데, 원격 조종과 자동운항을 배제하지는 않는다.

④ UAM 서비스 제공자(PSU: provider of services for UAM)

PSU는 UAM 운영자가 안전하고 효율적이며 보안된 공역 사용을 가능하게 하는 데 필요한, 운항 필수 요건을 만족시키도록 UAM 운영자를 지원하는 기관이다. PSU는 UAM 관련 주체를 위한 일차적인 서비스와 데이터 제공자이며, UAM 에코시스템과 FAA 간에 인터페이스 역할도 한다. PSU는 UAM 운영자와는 별개의 기관일 수도 있고, 어떤 UAM 운영자는 자신을 위한 PSU 역할을 할 수도 있다. UAM의 운항 의도를 확인한 후, PSU는, FAA에 의해 수립된 업데이트된 규제체제 내에서, 자신에게 등록된 운영자를 대신하여 다음과 같은 행위를 할 수 있다. (운영자가 자신을 위한 PSU로서의 역할을 하지 않는 경우)

- 네트워크를 통하여 PSU 사이에 연합된 UAM 참여자들 간의 통신 브리지 역할을 함으로써, 등록된 UAM 운영자가 UAM 운항의 규정과 운항 요건을 만족하도록 지원한다.
- UAM 운영자의 UAM 코리도 내에서 계획된 운항에 관련한 정보를 네트워크에서 취합하여 UAM 운영자에게 제공한다. 그리하여, UAM 운영자는 안전하고 효율적인 임무 수행 가능성을 확인할 수 있다.

- 제출된 UAM 운항 의도가 완전하고 현행의 권고와 제한에 합당한지 분석하고 확인한다. 이미 확인된 UAM 운항 의도들과 COPs, UAM 코리도 수용 능력, 공역 제한, 버티포트 가용성, 열악한 환경여건 등을 고려하여 전략적 충돌방지가 되는지 분석하고 확인한다.
- 확인된 UAM 운항 의도를 연합된 서비스 네트워크에 제공한다.
- 의도된 비행 구역에 관한 통지문(예: 제한, 금지)을 배포한다.
- FAA의 운항 데이터와 조언, 기상정보 및 추가정보를 배포한다.
- 협력적 분리 관리 서비스(예: 준수 모니터링, 조언 서비스 등)를 지원하고, UAM 코리도 이용 상태 조정을 돕는다. (예: 코리도 이용상태란 점유 중, 비점유 중 등으로 UAM 운항이 수행되고 있는지 아닌지를 나타내는 것임)
- 운항 데이터를 기록/보관적 데이터베이스에 저장하여, 분석목적, 규제목적, UAM 운항자의 책임목적 등으로 활용될 수 있게 한다.
- 공항의 스폰서를 통하여 공항 접근을 협상한다.

이러한 핵심적 기능들은 비행편마다 FAA가 간여할 필요없이, PSU가 UAM 운항의 협력적 관리를 지원할 수 있도록 한다.

PSU 서비스는 UAM 운항 계획, UAM 운항 의도 공유, 충돌회피, 공역관리 기능, UAM 운항자가 조우할 수 있는 비정상 운항 등을 지원하는 것이다. PSU는 운항 최적화, SDSP 제공 등의 UAM 운항 지원 부가가치 서비스를 등록자들에게 제공할 수도 있다. PSU는 UAM 서비스 활성화를 위하여 연합된 서비스 네트워크를 통하여 다른 PSU와 정보 교환을 할 수 있다. (예: UAM 운항 의도 정보 교환, UAM 코리도 상태 통보, 정보 질의 등) PSU는 또한, UAM 운영자가 접근할 수 있는 정보를 수집하고, 통합하고 유지하는 데 필요한 지원을 지방정부나 지역사회를 대신하여 제공한다.

⑤ 연합 서비스 네트워크(federated service network)

연합 서비스 네트워크는 등록자 정보, FAA 데이터, 추가 데이터 및 다른 기관들(예: PSUs, FAA, 공공 이해 당사자 등)로부터 얻은 데이터를 공유하는 연결된 PSU들의 집합체로서, UAM 운항을 지원하기 위하여 완전하게 통합된 정보 환경을 제공하기 위한 것이다. 동일한 지역에서 복수의 PSU들이 서비스를 제공할 수 있기 때문에, 연합 서비스 네트워크는 NAS의 안전한 운항 확보에 요구되는 데이터를 FAA나 기타 기관이 획득하도록 촉진할 수 있다. 또한, 보안이나 식별 등을 포함하는 정보 공유 기능도 촉진된다.

⑥ 보충데이터 서비스 제공자(supplemantal data service providor)

UAM 운영자와 PSU들은 지형, 장애물, 특별 기상 등의 지원 데이터에 접근하기 위하여 보충데이터 서비스를 이용한다. PSUs은 또한, 등록된 UAM 운영자들을 위해 SDSP로서의 역할을 할 수도 있다. SDSP들은 연합 서비스 네트워크를 통하여 접근할 수도 있고, UAM 운영자들이 직접 접근할 수도 있다.

⑦ UAM 버티포트(UAM vertiport)

포괄적 의미의 버티포트는 공공적이거나 사설인 다양한 시스템의 버티포트나 버티스톱이 될 수 있다. 이 시설들은 시설의 설계나 운영에 근거하여, 지원할 수 있는 다양한 종류의 항공기를 식별하기 위하여 범주를 나눈다. 버티포트와 버티스톱은 VFR, IFR, AFR 등의 비행 규칙으로 운항하는 항공기의 승객과 화물 조업을 지원한다.

UAM 운영자는 자신들의 운영 필요성에 맞는 버티포트를 이용할 것이다.

기본적으로 버티포트는 UAM 출발과 도착 운영을 지원하는 데 필요한 능력을 갖춘 지정된 지역이다. UAM 버티포트는 UAM 운영자가 비행을 계획하고, PSU가 충돌회피 전략을 도모하는 것을 지원하기 위하여, UAM 운영을 위한 현재 및 미래의 자원 가용성 정보(예: open/closed, pad 가용성 등)를 제공한다. UAM 버티포트 정보는 연합 서비스 네트워크를 통해 UAM 운영자가 접근할 수 있고, 보충적인 버티포트 정보는 SDSP를 통하여 얻을 수도 있다. 버티포트 정보는 UAM 운영자와 PSU가 전략적 충돌방지와 DCB를 포함하는 UAM 운항 계획을 위해 사용한다. 그러나 버티포트가 전략적 충돌회피나 DCB를 제공하지는 않는다.

⑧ 무인항공기 서비스 제공자(USS: UAS service supplier)

USS는 UTM 체제에서 무인항공기 운항을 지원하는 기관이다. UTM 환경 내에서(예: 400피트 이하 고도), UAM의 이착륙 동안에 협력적인 분리 확보를 위해서, USS와 PSU 간에 정보 공유가 필요한 잠재적 시나리오가 가능할 것이다.

UAM 운항을 위해서, USS는 PSU와 다음과 같은 방법으로 상호작용을 할 것이다.

- UTM 운영이 UAM 코리도를 관통하기 위하여 연합 서비스 네트워크 서비스를 사용하도록 함
- UAM의 비정상 운항을 지원함(예: UAM이 UTM 운영지역에 영향을 주는 비상착륙을 수행하는 경우)
- UTM의 필요한 비정상 운항을 지원함(예: UTM 운항이 UAM 버티포트 인근에서 승인된 운항 의도에서 벗어나는 경우)

⑨ 기타 NAS 공역 사용자(other NAS airspace users)

기타 NAS 공역 사용자란 NAS 내의 모든 비UAM 항공기 운항을 뜻한다. 이러한 사용자들은 오픈된 UAM 코리도 내 비행에 요구되는 참여 요건을 알아야할 책임과, 합당한 성능 준수에 대하여 알아야 할 책임이 있다. 또한, 활성화된 UAM 코리도를 회피하는 방법에 대해서 알아야 할 책임이 있다. UAM 코리도의 정의와 가용성은 이러한 사용자들에게도 공개적으로 접근될 수 있다.

⑩ 공공 이해 당사자(public interest stakeholders)

공공적 이해 당사자는 COPs와 같은 지배 절차에 의해 선포된 기관으로서, UAM 운영 정보와 통보에 접근할 수 있는 기관이다. 이러한 접근은 국민의 알 권리, 정부의 규제, 정부 담보의 안전과 보안, 공공 안전 등을 포함하는 활동을 지원하기 위한 것이다. 공공 이해 당사자의 예에는 지역 법 집행 기관이나 연방 기관들도 포함된다.

(4) UAM 코리도(UAM corridors)

초기의 UAM 운항은 현행 규제체제(예: VFR, IFR)의 유연한 적용을 활용하여 UAM의 운항적 요구, 임무 수행적 요구를 충족시킬 것이다. 시간이 흐름에 따라, UAM 운항 횟수는 증가할 것이고, 운영이 필요한 지역은 확장될 것이며, 항공기의 능력(예: 장비, 성능)은 개선될 것이다. 코리도는 현재의 공역 서비스 수준을 심각하게 훼손하지 않으면서, 항공기의 능력을 이용하여, 새로운 수준과 형태의 서비스 수요에 대응할 수 있는 기회를 제공할 수도 있다.

UAM 코리도 개념은 특정 상황에서, 전통적 ATC 서비스를 필요로 하지 않으면서도, 안전하고 효율적인 UAM 운항을 예상하게 하며, 성능요건을 만족시키는 장비를 갖춘 모든 항공기를 수용할 것이다. 또한, 코리도는 운영적 이익이 있으면 창출/이행이 가능하다. UAM 코리도는 개선되는 능력(예: 항공기 성능)과 코리도 구조, UAM 절차 등을 통하여, 증가하는 운항 템포 지원을 도울 수 있다. 증가된 UAM 교통량 수준에서, UAM 코리도는 UAM 운항관리가 다른 규제체제(예: IFR, VFR 혹은 UTM 규제)로부터 분리되고 구분되게 할 수 있는 메커니즘이 될 수 있다.

UAM 코리도는 환경적 고려사항에 적합하게 설계되고, UAM 운영상으로 이익이 있는 곳에서 이행될 수 있을 것이다. UAM 코리도는 모든 등급의 공역을 관통할 수 있다. UAM 코리도들은 여러 장소와 공역 등급에서 초기 UAM 운항을 위해 사용되는 구조(예: VFR flyways/corridors, IFR)와 함께 동시에 존재할 수 있을 것으로 예견된다.

UAM 코리도 내에서의 운항은 운항 성능과 참가요건(예: UAM 운항 의도 공유, UAM 코리도 내에서의 충돌방지)을 필요로 할 수 있다. UAM 코리도 내 운항을 위한 성능요건과 참가요건은 UAM 코리도마다 다양할 것이다. 추가하여, 성능 요건과 UAM 코리도 설치(예: 볼륨, 위치)는 대부분의 UAM 비정상 운항이 안전하게 완료될 수 있도록 지원할 수 있는 수준으로 설정되어야 한다. UAM 코리도 성능과 참여 요건을 만족시키는 모든 운영자는 UAM 코리도 내부나 코리도를 횡단하여 비행할 수 있다. 협력적 환경에 참여하지 않는 항공기/운영자(예: general aviation)에 의한 UAM 코리도 횡단은 UAM 코리도의 개념, 구체적 특성, 사용, 요건 등이 성숙해감에 따라 개척해야 할 부분이다. UAM 코리도의 기하학을 잘 이해함으로써, 관련 주체들은 UAM 코리도 횡단에 관련되는 기본적 요인들을 분석할 수 있을 것이다.

UAM 코리도의 정의는 계획과 운영에 사용되기 위하여 관련 주체들에게 제공된다. ATC는 ATC가 책임지는 공역에 대한 UAM 코리도의 이행과 실행에 관여할 것이다. 다른 NAS 사용자들은 비행계획 작성이나 ATC의 비행계획 승인 또는 조언과 관련된, 공역 숙지 과정을 통하여 UAM 코리도를 자각하게 될 것이다. UAM 코리도 설계는 다음 사항을 고려한다:

- 모든 운영자들에게 공정성을 유지하면서, 기존 ATS와 UTM 운항에 대한 영향의 극소화
- 공공적 이해 당사자들의 요구(예: 지역 환경과 소음, 안전, 보안)
- 관련 주체들의 효용(예: 고객 요구)

UAM 코리도 가용성(예: open, closed)은 ATC 운영 디자인(예: 인근 공항의 configuration/change)과 부합하여야 하며, 코리도 가용성은 또한, 연합 서비스 네트워크를 통하여 PSUs와 UAM 운영자들에게 소통되어야 한다. ATC에 의하여 수립된 UAM 코리도 가용성에 추가하여, PSUs는 하나 또는 복수의 UAM 운항이 UAM 코리도 내의 어디에선가 발생하고 있는 것이 식별될 수 있는 UAM 코리도 상태 결정을 해야 한다. UAM 코리도 사용 정보는 FAA나 또는 다른 관련주체들에 의하여 상황적 자각(situational awareness)으로 사용될 수 있다.

초기에, UAM 코리도는 point-to-point UAM 운항을 지원할 것이다. UAM 운항이 진화함에 따라, UAM 코리도는 분할되고 연결되어 지점들(예: vertiport) 간에 연결 루트로 이루어진, 복잡하고 효율적인 네트워크를 형성하게 될 것이다. 아래 그림은 소수의 point-to-point UAM 코리도 구성을 보여주고 있다.

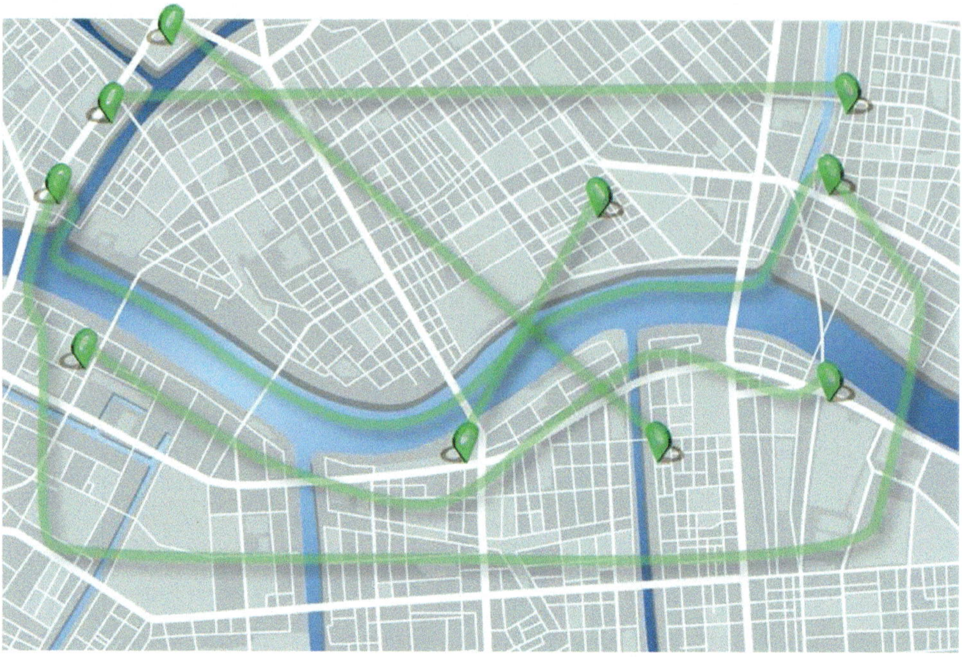

① UAM 코리도 진입/이탈 지점(UAM corridor entry/exit points (CEPs))

일부 UAM 운항은 전적으로 UAM 간의 협력적인 환경에서만 수행될 수도 있지만, 대부분의 운항은 다른 서비스 환경(예: ATS와 xTM[UAM])을 관통하게 된다. 코리도 진입/이탈 지점(CEP[19]))은 항공기가 한 환경에서 다른 환경으로 전환하기 위한 지점으로 설정되고, 참조된다. CEP는 UAM 코리도 자체의 일부로 정의되어 수립될 수 있다. 일례로, CEP가 UAM의 양단 지점에 수립되는 경우가 있다.(코리도의 양단 지점은 UAM 코리도의 definition/description의 일부로 정의되고, 전파된다) CEP는 또한, "operation-defined"가 될 수도 있는데, 서비스 환경들(예: ATS와 xTM과 UAM)의 경계선에 있는 점들로서, 허락된 비행의도나 궤적이지만, 사전에 설정되지 않은 경우를 의미한다.

---

19) Corridor Entry/Exit Points

CEP 사용에 대한 구체적 요건이나 제한사항은 해당 COPs와 규제체제에서 다루어질 수도 있다. UAM 코리도에 진입하거나 이탈하는 항공기는 UAM 코리도 외부의 이용하고자 하는 공역(B, C, D, E 등급 공역)의 필수요건을 따라야 한다.

② 충돌관리와 분리(conflict management and separation)

NAS 전체를 아우르는 충돌관리는 공역 조직의 전략적 활동과 관리를 포함한다. 운영적으로 이익이 있는 특정한 상황에서는, UAM 코리도가 전통적인 ATC의 서비스 없이, UAM 운항을 가능하게 할 수 있다. UAM 코리도 내에서, 운항 분리는 전략적 충돌방지, 비행 중 충돌방지 방법의 다층 접근식으로 제공될 수 있다. 전략적 충돌분리는 비행 의도의 공유와 충돌방지에 관련된 COPs의 협력적 수행으로 예상할 수 있다. 추후 단계에는, 항공기 분리 수행을 이끄는 V2V 데이터에 의존하는 분리 방법에 의존할 수 있도록 충분하게 기술이 성숙할 수도 있다.

UAM 코리도 내에서 운항할 때, FAA 규정과 COPs는 전략적 충돌방지나 비행 중 충돌방지에 관련된 참여자들을 모두 아우르는 충돌방지를 위한 상호작용의 방법을 지시한다. UAM 운영자는 다른 항공기, 기상, 지형, 위험요인, 불완전 조건 등에 대비하여 운항하는 것을 포함하는, 운항의 안전한 이행에 책임이 있다. UAM의 분리는 공유된 UAM 운항 의도, 공유된 경각심, 비행 의도의 전략적 충돌방지, 절차 규정 수립 등을 통하여 달성된다.

UAM 코리도 내에서의 전략적 충돌방지는 UAM 운항 의도 계획 기간에 이루어져야 하지만, 필요성은 비행 중 조정, 공유, 비행 중 충돌방지 단계에도 남아있게 된다. 초기 분석에 의하면, 계획 단계에서 수행하는 전략적 충돌방지는 산업계에서 소망하는 수준의 운항 템포를 지원하기에 충분하지 않을 수 있다. UAM 항공기가 공유된 UAM 운항 의도 경계 밖에서 운항하는 사건에 대하여, 비정상 사건 통보를 하고, 적용 가능한 경우, UAM 운항 의도의 업데이트가 연합 서비스 네트워크를 통해 공유되어야 한다. UAM 코리도에서, 초기 분리는 적용 가능한 VFR/IFR 메커니즘(예: see-and-avoid)을 사용할 수 있다. 만일, 항공기 기술과 능력이 진화하고 성숙하면, 분리 최소치와 AFR이 도입되어 높은 수준의 수용량을 제공하고 증가하는 수요를 지원할 수 있을 것이다. UAM 운항을 지배하는 규제체제도 발전되는 성능과 자동화 수준에 맞게 심대하게 진화해야 할 것이다. 진척되는 기술발전과 규제체제 업데이트의 성숙과 이행으로 분리 최소치와 UAM 코리도의 처리량 증가 변화가 상승 작용으로 나타날 것이다. DCB 능력이나 추진의 필요성은 운항 템포의 증가와 항공기 성능의 예견된 진척에 맞추어 배가될 것이다.

③ 수요-용량 균형(DCB: demand-capacity balancing)

DCB는 요청된 자원이 집합적인 UAM 운항 의도 수요를 수용할 수 없을 때에 적용된다. 어떤 경우에는, 초과수요가 UAM 코리도 용량 때문이 아니라 출발지 또는 목적지의 혼잡과 같은 다른 요인일 수도 있다. 비행 중 안전 기동을 하지 않아도 안전확보가 가능한지 평가하기 위한, 전략적 충돌방지 초기 분석에 의하면, UAM 운영자들에 의하여 요망된 운항 템포가 전략적 계획에 의한, 충돌방지만으로는 수용될 수 없음을 식별했다. 운항 템포 증가에 따른 불확실성에 대응하기에 필요한 “buffer”가 효율성을 최적화하기 위한, 비행 중 충돌방지와 DCB 능력의 궁극적 필요성에 이르게 한다. UAM 코리도 내에서는, DCB와 같은 흐름관리 기능이 CFM(Cooperative Flow Management) 서비스를 통하여 제공될 것이다. CFM 수행을 지배하는 비즈니스 규칙은, 접근 공정성, 안전성, 보안성 등을 포함하는 FAA 주도권과 일맥상통하는 관련 COPs에 포함되어 있다.

④ UAM 코리도 진화(UAM corridor evolution)

초기의 UAM 운항은 낮은 템포와 낮은 복잡성의 특성을 가지므로 현행의 규제체제에 의해 이행될 수 있다. 템포와 복잡성이 증가함에 따라, 현행 규제체제에서 가능한 옵션(예: VFR corridors/flyways, T-routes)을 이용하여 증가된 교통량을 수용할 수 있을 것이다. 운항의 볼륨이나 복잡성이 지속적으로 증가함에 따라, 단순한 UAM 코리도 이행이 공역 이용자나 ATS 서비스 제공자에게 운영적으로 도움이 될 것이다. 초기의 UAM 코리도는 다음 그림에서 보는 바와 같이, 단순한 디자인(예: 단 방향 UAM 코리도, 또는 양방향 단일 트랙)이 될 것으로 예측된다. UAM 코리도가 더 많이 설정되면, AFR이 진화하는 규제체제에 상응하여 사용 가능하게 될 것이다.

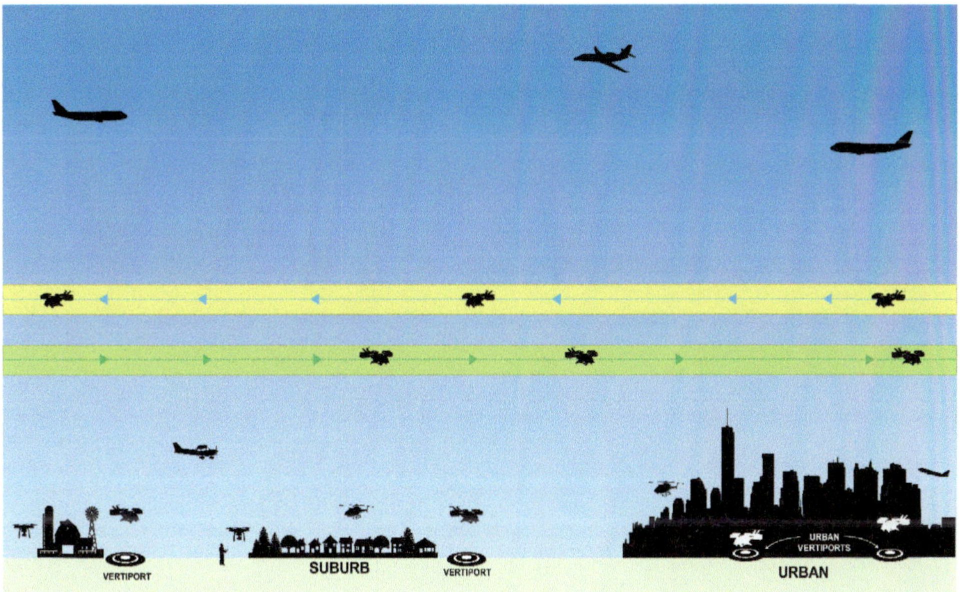

지속적인 성장과 함께, UAM 운항 수요는 초기 디자인의 UAM 코리도 용량을 초과하게 될 것이며, 트랙들을 포함한 추가적인 구조나 증강된 성능(예: 항법이나 기타 기술력 향상을 통한 UAM 코리도 내의 안전 분리 최소값 축소 능력)에 의하여 수용량 확충이 이루어질 것이다. 추가적인 옵션은, 아래 그림들에서 보는 바와 같이, "passing zone"과 같은 특정 장애 극복을 위한, UAM 코리도 위상 배치 변형이 될 수 있다.

주의: UAM 코리도나 외부 공역의 등급에서 요구하는 성능요건을 만족하는 항공기(또는 운영자)는 자기들의 운항에 이익이 되는 어떤 서비스 환경이든 선택할 수 있다.

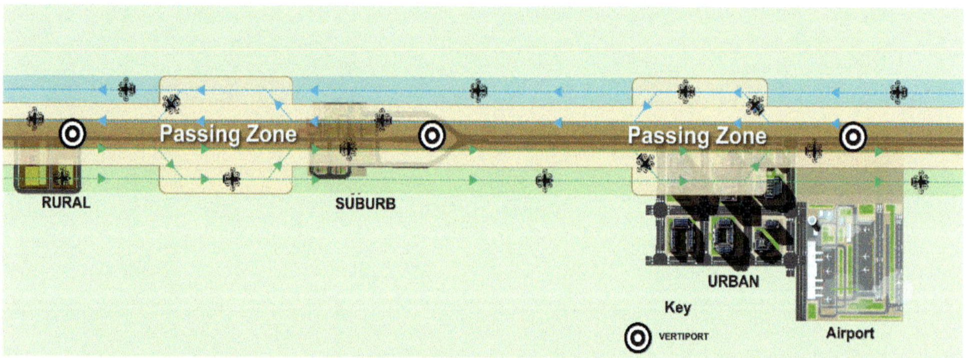

운항 템포와 UAM 항공기의 물리적 성능 범위(예: 속도)가 지속적으로 증가함에 따라, 복수의 트랙을 포함하는 UAM 코리도가 발전될 수 있는데, 아래 그림은 복수 트랙을 포함하는, 관념적인 내부 UAM 코리도 구조를 묘사하고 있다. 트랙들은 동일한 UAM 코리도 내에서 증가한 운항 템포를 지원할 수 있도록, 증가된 성능요건을 필요로 할지도 모르는, 추가적인 내부적 구조를 반영한다.

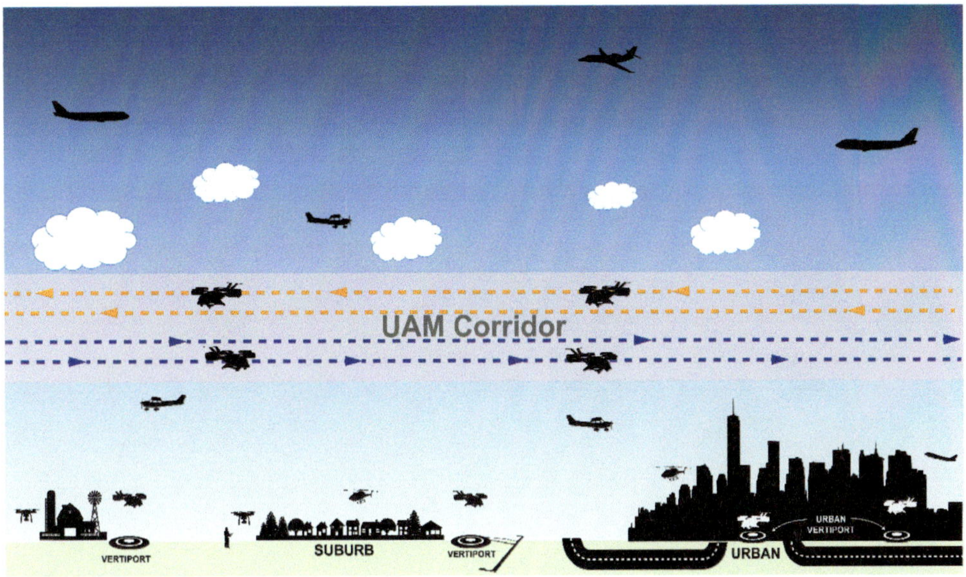

(5) UAM 환경의 기상과 장애물

PSU나 SDSP는 UAM 운항에 특정된 기상, 지형, 장애물 clearance 데이터를 제공함으로써, UAM 운영자를 지원한다. 이 데이터들은 UAM 운항의 전략적 관리를 확보하기 위해, UAM 운항 의도 계획 단계에 접근할 수 있으며, 필요한 경우, 비행 중에 업데이트된다. UAM 운영자는 비행 전과 비행 중에 기상과 바람을 모니터한다. 만일, 항공기의 성능이 UAM 코리도 내에서 요구되는 분리를 유지하기에 부적절하다면, UAM 운영자는 분리 유지를 확보하기에 적절한 조치를 취해야 할 책임이 있다. (예: 이륙 중단, UAM 코리도 이탈, 적절한 공역 규칙에 따라 운항하기 등)

(6) 제한 정보와 조언(constraint information and advisories)

UAM 운영자는 운항에 영향을 미치는 운항조건 및 위험요인을 식별해야 할 책임이 있다. 이러한 정보는 비행 안전 확보를 위해, 비행 전과 비행 중에 수집되고 평가되어야 한다. PSU는 다음과 같은 정보와 조언을 제공함으로써, UAM 운항자의 위험 분석 책임 수행을 지원한다.

- UAM 코리도 내에 있거나, UAM 코리도를 횡단하는 다른 비행 트래픽
- 기상과 바람
- 저고도 비행에 영향을 주는 기타 위험요인(예: 크레인, 전선, NOTAM, 조류 활동, 지역적 금지 사항)
- SAA(Special Activity Airspace) 상태
- UAM 코리도 가용성

예상되는 수요와 가용 용량에 관한, ATS와 연합 서비스 네트워크 간의 정보 공유는 적용 중인 흐름 관리 기능(예: TFM, CFM)을 지원한다. 제한사항은 절차, COPs, 규정 등이 일관되게 적용되어야 하는, 하나의 환경으로부터 다른 환경에 의해 공유될 수 있다.

8 관념적 체계 구조(notional architecture)

UAM의 협력적 관리 환경 내에서, FAA는 공역과 교통 운영에 관련되는 규제와 운영 측면의 권위를 유지한다. UAM 운항은 상호 운용적인 정보 시스템을 이용하는 분산된 네트워크로 연합된, 일단의 참여자들에 의하여 조직되고, 조정되고, 관리된다. 아래의 그림은 UAM 참여자들의 관념적 architecture와 맥락적 관계 및 정보 흐름을 보여준다. (이 architecture는 UTM ConOps에서 제시한 UTM architecture의 패턴에 근거함)

집합으로 운영하는, 개별적 PSU들을 포괄하는 연합된 서비스 네트워크가 UAM 관념적 architecture의 중앙에 위치하여, UAM 운영자, USS, SDSP, FAA, 공공적 이해 당사자 등과 데이터를 교환한다. PSU는 UAM 운항관리를 지원하는 데 필요한 보충적인 데이터를 SDSP로부터 수신하여, 관련되는 UAM 운항 데이터를 일반에게 제공한다. PSUs는 또한, 연합된 서비스 네트워크를 통해 의사소통과 조정을 한다. 이것은 PSU 이외의 여타 UAM 주체들(예: UAM 운영자, ATC, 법집행기관)이 연합된 서비스 네트워크 전반에 공유되는 데이터에 접근하기 위하여, 하나의 PSU에 연결되도록 한다.

PSUs와 USSs는 UAM 항공기와 UAS 간에 잠재적으로 협력적 분리가 필요한 400피트 이하의 공역에서(예: 버티포트) UAM과 UTM 관련 운영적 데이터 교환이 필요할 것이다. 관념적으로, 하나의 USS는 서비스를 확장하여 PSU 역할을 할 수도 있고, 반대 상황도 가능하다. 두 가지 서비스를 제공할 수 있도록 통합적 서비스 인증을 받은 서비스 제공자는 UAM과 UTM 환경에서 모두 운항을 지원할 수 있다.

버티포트는 UAM 운영자와의 상황인식 의사소통과 자원 정보 의사소통을 촉진하기 위해 연합된 서비스 네트워크와 정보 교환을 한다. PSUs는 운영자에게 총체적인 버티포트 정보가 가용토록 하여, 해당하는 출발과 도착 시간에 존재하는 버티포트의 용량과 상황적 제한을 자각할 수 있도록 한다. PSUs는 대체 버티포트 제안이나, 대체 출발/도착 시간을 제안하는 등의 추가적 서비스를 잠재적으로 제공할 수도 있다.

아래 그림에서 수직 점선은 기반시설, 서비스, UAM의 부분으로서 상호작용하는 기관들에 대한, FAA와 산업계의 책임분담을 구분짓는다. FAA와 산업계 간의 데이터 교환 프로토콜은 FAA가 UAM 데이터를 필요할 때 요청할 수 있고, FAA 정보를 Service Security Gateway를 통하여 연합된 서비스 네트워크에 보내서, UAM 운영자, PIC, UAM 항공기, 공공적 이해 당사자 등에게 배포되도록 해준다.

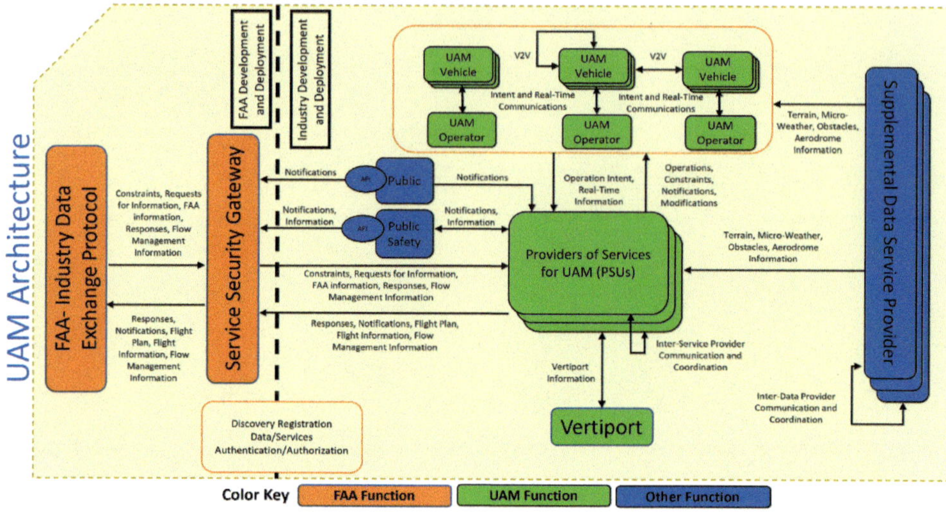

PSU나 SDSP들에 의하여 제공되는 UAM 서비스들은 디자인의 유연성 증대와 새로운 서비스 이행의 유연성을 위해, 모듈화되거나 분리화된다. 모듈화 접근법은 FAA로 하여금 UAM 운항에 대한 맞춤형 감시(tailored oversight)를 할 수 있도록 하고, PSU와 SDSP는 비즈니스 모델이나 등록자 욕구에 상응하는 집중된 서비스를 제공할 수 있도록 해준다. UTM과 유사하게, UAM 서비스는 다음과 같은 방법 중의 하나로 특정될 수 있다.

- FAA 규정에 기인하거나, 또는 FAA 시스템에 직접 연결하여, UAM 운영자가 사용하도록 요구되는 서비스. 이 서비스들은 FAA에 의하여 품질이 보증되고 승인되어야 한다.
- FAA 규정의 일부 또는 전부를 만족시키기 위해, UAM 운영자에 의하여 사용될 수 있는 서비스. 이 서비스들은 수용할 수 있는 적용 방법을 만족시켜야 하며, 개별적으로 FAA에 의하여 승인되거나 품질이 보증되어야 한다.
- FAA 규제와 무관하게 UAM 운영자에게 부가 가치적인 도움을 제공하는 서비스. 이 서비스들은 산업계 표준을 만족시키지만, FAA에 의해 승인되거나, 품질보증이 되지는 않는다.

9 UAM 시나리오(UAM scenarios)

지금까지 UAM 운영개념을 개괄했다. 이번에는 두 종류의 모의 업무 상황 시나리오를 설정하여 현실적 수행 절차를 살펴본다. 첫 번째 시나리오는 출발에서 도착까지 동일한 UAM 코리도 내에서 운항이 이루어지는 경우이다. 두 번째 운항은 현행의 B등급 서비스 환경(ATS)에서 출발해서, 비행의 일부를 하나의 UAM 코리도에서 수행한 후, 다시 B등급 공역(ATS)으로 돌아와서 버티포트에 도착하는 상황이다.

시나리오들은 UAM 운항의 일부분과 각 명목적 운항 단계의 상호작용을 시연한다. 명목적 UAM 운항은 수립되어 있는 성능, 규칙, 정책, 절차에 따라서 수행하는 하나의 UAM 운항이다.

(1) 단일 UAM 코리도 내에서 완료된 운항

① 계획 단계(planning phase)

이 운항의 계획은 UAM 운영자가 개인으로부터 버티포트1과, 버티포트2 사이의 운송 서비스를 요청받은 경우를 가정한다. UAM 운영자는 등록한 PSU와 관련된 SDSP 서비스에서 제공되는 정보로부터 현재 조건을 파악한다. 현재 상황이 운항에 적합하다는 결정을 한 후, UAM 운영자는 요구되는 UAM 운항 의도 정보(예: 식별정보, 버티포트 위치, UAM 코리도를 통한 운항 루트, 요망하는 운항 시간)를 등록한 PSU에게 제출한다.

PSU는 연합 서비스 네트워크를 통해 다음 사항을 수행한다:

- 해당 UAM 운항 의도가 다른 운항과 전략적 충돌을 야기할 수 있는지 평가한다.
- 해당 운항 의도가 알려진 공역 제한사항(예: FAA가 발효한 제한, 또는 지역의 금지 사항)에 저촉되지 않는지 평가한다.
- UAM 코리도와 버티포트 자원의 가용성을 파악한다.

충돌되는 운항이 없고, 공역 금지 사항(예: 일시적 비행금지(TFRs: Temporary Flight Restrictions)), 또는 버티포트 자원 제한이 없는 경우, UAM 운영자가 요망하는 운항 의도는 전략적으로 충돌이 없는 것으로 확인 수용된다. PSU는 UAM 운영자에게 통보하고, UAM 운항 의도를 연합 서비스 네트워크에 제출한다.

UAM 운영자는 비정상 상황의 사건이 발생하면, 운항 의도를 수정할 가능성도 고려한다. 운항할 UAM 코리도에 인접한 공역의 등급, 공역 관할권, ATC 시설 등도 확인한다. 이러한 사항들은 우발적 운항 상황이 발생했을 때, PIC가 대비할 수 있게, 준비할 수 있도록 해준다.

대부분의 계획 행위와 UAM 운영자와 PSU 간의 정보 교환은 자동화되어서, 고객의 초기 요청에서 UAM 운항의도 확인, 수용까지 매우 짧은 시간이 소요된다.

② 비행 중 단계(in-flight phases)

전체 비행 단계 동안에, UAM 항공기 식별과 위치 정보가 UAM 운영자 및 등록한 PSU에게 가용해야 한다. PIC와 UAM 운영자는 정상 운항 상태 유지가 확보되도록, 항공기를 모니터해야 한다. PSU는 운항의도가 준수되는지 모니터해야 한다.

- **출발단계**(departure phase)

  PIC는 버티포트1에서 출발 허용 시간 내에 출발하고 UAM 코리도에 진입한다.

- **항로단계**(en-route phase)

  PIC는 UAM 운항 의도대로 UAM 코리도를 따라 항행한다. UAM 항공기는 UAM 운항 의도대로 항로 부분 운항을 완료하고, 도착 허용 시간 내에 착륙하기 위해 목적지 버티포트에 접근한다.

- **도착단계**(arrival phase)

UAM 항공기가 버티포트2에 접근함에 따라, PIC, UAM 운영자, PSU와 UAM 버티포트는 착륙 패드가 UAM 운항 의도대로 가용한지 확인한다. PIC는 할당된 버티포트 패드로 항행하고 항공기를 착륙시킨다.

③ 운항 후 단계(post operation phase)

UAM 운영자와 PIC는 PSU에게 임무 완료를 알린다. PUS는 규정에 따라 UAM 운항 데이터를 기록보관 장치에 입력한다.

(2) 서비스 환경 횡단 명목 운항(nominal operation across service environments)

이 시나리오는 UAM 운영자가 B 등급 공역에 위치한 버티포트3를 출발하여, UAM 코리도를 이용해 통과한 후에, B 등급 공역에 위치한 버티포트4에 도착하는 운항 계획을 설명한다. 운영자는 CEP를 이용하여 UAM 서비스 환경에 진입/이탈한다. UAM 환경 내에 참여하기 위해서는, 확인된 UAM 운항 의도가 있어야 하며, UAM 운영자는 비행계획 제출 서비스를 해주는 PSU를 이용한다.

① 계획단계(planning phase)

이 운항의 계획은 UAM 운영자가 개인 고객으로부터 버티포트3과 버티포트4 사이의 운송 요청을 접수하면서 시작된다. UAM 운영자는 등록한 PSU와 관련된 SDSP 서비스(예: 환경, 상황인식, 전략적 운항 수요, 보충 데이터 등)로부터 현재 비행 환경 조건과 버티포트 가용성 정보를 획득한다.

현재 조건이 운항을 수용할 수 있음을 결정한 후, UAM 운영자는 필요 정보를 PSU에게 제공한다. 이 경우, 운항은 B 등급 공역을 관통하는, UAM 코리도를 이용하고, B 등급 공역 내에서 UAM 코리도를 향해서, 비행하고, UAM 코리도를 벗어나 B 등급 공역으로 비행을 한다. 상이한 서비스 환경을 관통하는 운항임을 고려할 때, UAM 코리도 부분 비행을 위해서 운영자가 제공해야 할 정보가 UAM 운항 의도에 포함되어야 한다(예: 항공기 식별 정보, 버티포트 위치, UAM

코리도를 경유하는 루트, CEP 위치, 요망하는 운항 시간 등). 출발할 때 B등급 공역을 비행하므로, 운영자는 또한, ATS 환경에서의 비행을 위해 요구되는 비행계획 정보(예: 비행 ID, 항공기 기종, 출발 버티포트로부터 CEP에 이르는 루트, CEP에서 버티포트에 이르는 루트)를, PSU에게 제공한다. PSU는 비행계획 정보를 이용하여, CA 내에서 CEP 사용을 위한 clearance time과 슬롯 예약을 확보하기 위하여, TFM 및 CFM 서비스와 조정을 한다.

담당 PSU는 운항관리에 적용할 정보(예: 비행정보, 비행계획)를 해당 규정과 COPs에 근거하여 관련 ATS/xTM 데이터 교환 네트워크에 전송한다. PSU는 UAM 운영자가 상황인식이나 계획된 비행의도/비행계획을 수정하기 위하여 사용할 수 있는 정보(예: ATC/TFM 응답, 고시, 제한)를 ATS 데이터 교환 포털에서 수신한다.

PSU는 연합 서비스 네트워크를 통하여 다음 사항을 수행한다:

- 요망하는 UAM 운항 의도가 다른 운항과 충돌하지 않는지 평가한다.
- UAM 운항 의도가 알려진 공역 제한요건(예: FAA 발효 제한사항, 지역적 제한사항)에 적합한지 평가한다.
- UAM 코리도와 UAM 버티포트 자원의 가용성을 확인한다.
- 적용해야 하는 모든 flow management initiatives, 또는 contraints를 수신한다.
- 비행계획을 버티포트3로부터, UAM 코리도를 통하여, 버티포트4로 제출한다.

충돌되는 운항, 공역 제한, 적용되는 흐름관리 제한사항(예: CFM, TFM), 또는 버티포트 자원 제한이 없으면, UAM 운영자가 요망하는 UAM 운항 의도는 전략적으로 충돌이 없으므로 확인 수용된다. PSU는 운항의도 수용 사실을 UAM 운영자에게 통보하고, 최종 UAM 운항의도를 연합서비스 네트워크에 제공하며, 비행계획 정보를 ATS exchange에게 제공한다(예: Expect Departure Clearance Time [EDCT]). 대부분의 계획 활동들과 연합 서비스 네트워크와 ATS 및 운영자와 PSU를 관통하는 정보교환들(예: 비행의도, 비행계획 제출)은 자동화되어, 매우 짧은 시간 내에 최초의 운영자 요청에서부터 운항 의도 확인과 비행계획 제출까지 이루어진다.

② 비행 중 단계(in flight phases)

UAM 운항을 위한 모든 비행단계(예: 출발, 항로비행, 도착) 동안에, UAM 항공기의 식별과 위치정보는 UAM 운영자, ATC 시설, 등록한 PSU에게 가용해야 한다. PIC와 UAM 운영자는 비정상 사태를 식별하기 위해 항공기 성능을 모니터해야 한다. PSU는 확인된 UAM 운항 의도에 맞게 비행하는지 모니터해야 한다. CFM과 TFM 간의 데이터 교환은 정확성 확인을 위해 모니터해야 하고, ATC와 PSU에게 전달되어야 한다.

- **출발단계(departure phase)**

  출발 전, PSU에 의해 제출된 비행계획을 오픈하기 위하여, PIC는 관할 ATC와 양 방향 통신을 수립해야 한다. PIC는 주어진 출발 시간 내에 버티포트3를 출발하고, PSU에게 통보하며(자동화된 출발완료를 이용함), B 등급 공역에 진입한다. UAM PIC는 적용되는 ATC 주파수를 모니터하고, B 등급 공역에 있는 동안 지시에 따른다. UAM 항공기는 CEP(운항 의도에서 지정된 CEP)를 통하여 UAM 코리도로 들어간다

- **항로단계(en-route phase)**

  PIC는 확인된 UAM 운항 의도대로, UAM 코리도를 따라 항행한다. PIC는 UAM 코리도 내에서 항공기의 장비나 PSU 서비스(예: UAM 코리도 내의 활성화된 운항 데이터 이용) 지원을 이용하여 다른 항공기와 충돌을 회피한다. 비행 상태는 시스템 내에서 CFM에서 TFM으로 모니터되고 필요한 업데이트를 한다. UAM 항공기는 UAM 운항 의도대로 항로 부분 운항을 완료하고, 허용되는 도착시간대에 맞추어 CEP에 접근한다.

- **도착 단계**(arrival phase)

  UAM 코리도를 이탈하여 B 등급 공역으로 전입하기 위한 CEP에 도착하기 전에, ATC에게 데이터 교환(예: handoff)을 활성화시키고, 주파수 교환이 이루어진다. UAM PIC는 관할 ATC와 양 방향 통신 및 positive clearance를 수립한다. UAM 항공기는 ATC의 지시에 따라, CEP를 통하여 B 등급 공역으로 진입한다.

UAM 항공기가 버티포트4에 접근함에 따라, PIC와 UAM 운영자 및 PSU와 UAM 버티포트는 착륙 패드가 UAM 운항 의도에 맞게 가용한지 확인한다. PIC는 할당된 버티포트 패드로 항행하여 항공기를 착륙시킨다.

③ 비행 후 단계(post flight phase)

UAM 운영자/PIC는 PSU와 ATC에게 임무완료 통보를 한다. PSU는 요구되는 UAM 운항 데이터를 기록 저장 장치에 입력한다.

10 UAM 진화(UAM evolution)

UAM ConOps 2.0은 FAA가 NASA와 산업계 및 기타 이해관계 주체들과 협력하여, UAM 진척을 위하여 노력한 결과물이다. 현재의 규제체제(예: IFR, VFR)를 이용하는 낮은 복잡도와 운항템포로부터 시작하여, 성능기반 구조를 활용하여, 운영적으로 이점이 있는 상황에서는 높은 수준의 운항템포를 수용하기 위하여 UAM 공역 구조(예: UAM 코리도) 제도를 수립한다.

운항이 발생하고 경험이 축적됨에 따라, 개념은 성숙하고 진화할 것이다. FAA는 새로운 기술과 기법, 지상 및 공중 기반의 자동화 등에 관한 미래 비전의 관련 주체들과 연계하여, 진화하는 도전과 기회에 합당한 최선의 부문에 집중할 것이다. UAM에 대한, 이러한 진화적인 접근법은 장점을 갖는다. 즉, 초기에는 낮은 복잡성 수준의 운항을 지원함으로써, 현재의 능력을 이용하는 환경으로 가능한데, 전반적인 규제와 운영적 기반시설 변화가 필요하지 않기 때문이다. 규제체제, 물리적 기반시설(예: 시스템, 버티포트), 소프트 기반시설(예: 진행, 절차)의 점진적 변화는, 이것들이 UTM이나 AAM과 같은 협력적 환경과 조화를 이루면서, 증가하는 UAM 수요와 복잡성을 수용할 수 있을 것이다. 이러한 점진적 변화는 기존 ATS 시스템의 진척을 지원함으로써, 모든 공역 사용자들을 아우르는 공역 접근 공정성과 평등성을 유지할 수 있도록 할 것이다.

약어집(Acronyms)

Acronym	Definition
AAM	Advanced Air Mobility
AFR	Automated Flight Rule
ATC	Air Traffic Control
ATS	Air Traffic Services
CA	Cooperative Area
CBR	Community Business Rule
CEP	Corridor Entry/Exit Point
CFM	Cooperative Flow Management
CNS	Communication, Navigation, and Surveillance
COP	Cooperative Operating Practice
ConOps	Concept of Operations
DCB	Demand-Capacity Balancing
DEP	Distributed Electric Propulsion
DOT	Department of Transportation
EDCT	Expect Departure Clearance Time

ETM	Upper Class E Traffic Management
eVTOL	Electric Vertical Takeoff and Landing
FAA	Federal Aviation Administration
G/G	Ground-to-Ground
HOTL	Human-on-the-Loop
HOVTL	Human-Over-the-Loop
HWTL	Human-Within-the-Loop
IFR	Instrument Flight Rules
IMC	Instrument Meteorological Conditions
LOA	Letter of Agreement
MRO	Maintenance, Repair, and Overhaul
NAS	National Airspace System
NASA	National Aeronautics and Space Administration
NOTAM	Notice to Air Missions
PIC	Pilot in Command
PSU	Provider of Services for UAM
RPIC	Remote Pilot in Command
SAA	Special Activity Airspace
SDSP	Supplemental Data Service Provider
TFM	Traffic Flow Management
TFR	Temporary Flight Restriction
UAM	Urban Air Mobility
UAS	Unmanned Aircraft Systems

USS	UAS Service Supplier
UTM	UAS Traffic Management
V2V	Vehicle-to-Vehicle
VFR	Visual Flight Rules
VMC	Visual Meteorological Conditions
VTOL	Vertical Takeoff and Landing
xTM	Extensible Traffic Management

용어 해설(Glossary)

Acronym	Definition
Advanced Air Mobility (AAM)	The terms "advanced air mobility" and "AAM" mean a transportation system that transports people and property by air between two points in the United States using aircraft with advanced technologies, including electric aircraft or electric vertical take-off and landing aircraft, in both controlled and uncontrolled airspace.
Conflict	Any situation involving aircraft and hazards in which the applicable separation minima may be compromised [1].
Constraint	An impact to the capacity or use of a resource preferred by an operator, defined with time and geographically specified airspace information. A constraint may restrict access to airspace for operations or may be advisory in nature.
Cooperative Separation	Separation based on shared flight intent and data exchanges between operators, stakeholders, and service providers. Cooperative separation is supported by defined COPs as well as applicable rules, regulations, and policies.

Demand-Capacity Balancing (DCB)	Strategic evaluation of system-wide traffic flows and aerodrome capacities to allow airspace users to determine when, where, and how they operate, while mitigating conflicting needs for airspace and aerodrome capacity. This collaborative process allows for the efficient management of air traffic flow through the use of information on system-wide air traffic flows, weather, and assets [1].
Human-on-the-Loop (HOTL)	Human supervisory control of the automation (i.e., systems) where the human actively monitors the systems and can take full control when required or desired.
Human-Over-the Loop (HOVTL)	Human informed, or engaged, by the automation (i.e., systems) to take actions. Human passively monitors the systems and is informed by automation if, and what, action is required. Human is engaged by the automation either for exceptions that are not reconcilable or as part of rule set escalation.
Human-Within-the Loop (HWTL)	Human is always in direct control of the automation (systems).
Operational Intent	Also referred to as operation intent, the future operational position information, consisting of spatial and temporal elements, that is exchanged between xTM operators to support cooperative traffic management.
Operational Tempo	The density, frequency, and complexity of operations.
Provider of Services for UAM (PSU)	An entity that assists UAM operators with meeting UAM operational requirements to enable safe and efficient use of UAM Corridors and vertiports. This service provider shares operational data with stakeholders and confirms flight intent.
Strategic Deconfliction	The process of arranging, negotiating, and prioritizing Operational Intent (e.g., volumes, routes, trajectories, time assignments) of aircraft to minimize the likelihood of airborne conflicts between operations.

Tactical Deconfliction	The process of executing one or more actions to avoid an airborne conflict in a timely manner when strategic deconfliction has failed or was not executed.
UAS Traffic Management (UTM)	The manner in which the FAA will support operations for UAS operating in low-altitude airspace.

PART

3

U-space 기반시설과 UAM 운항

▼
▼
▼

소형 UAS나 UAM이 운항하게 될 U-space도 당연히, 항공기 운항을 위한 기반시설이 필요하다. 우선은 항공기 이착륙을 지원하기 위한 지상 시설이 필요한데, 특히, eVTOL 항공기 이착륙 지원을 위한 새로운 개념의 이착륙 장소를 버티포트(Vertiport)라 한다. 이착륙 단계의 중간에 항공기가 공중에서 기동해야 하는데 이를 위해서는 항로가 필요할 것이다. 물론, 소형 UAS는 운송 목적이 아닌, 임무 수행도 빈번하게 수행할 것이므로 특정 지점 간 이동을 위한 항로는 필요없을 수도 있다. 그러나 사람과 화물 운송을 주요 목적으로 하는 UAM(또는, AAM)은 항로 운항이 필수적이므로 U-space 내에는 항로가 필요하다. 제3부는 U-space 기반시설로서 버티포트 설계와 운영, 항로의 설계와 운영을 중심으로 U-space 기반시설에 대해 논의한다.

무인기 공역(U-space) 운영개념과 도심항공교통

CHAPTER

1

버티포트 디자인 지침서 사례

1 버티포트 디자인(vertiport design) 지침서 사례[20)]

1 Introduction

(1) Background

① Vertiport 디자인 요인들에 관한 지침을 제공한다. 조종사가 탑승하여 수직 이착륙하는 VFR 비행을 전제로 한다.

② AAM이 급속하게 진화함에 따라, 공항 인프라 지원을 위해 준비한 것이며, 본 지침은 해당 산업의 발전에 따라 진화할 수 있도록, 유연하다.

③ 따라서, 상세 내용들은 항공기 성능이나 데이터들이 추가됨에 따라, 변할 수 있다. 국제표준도 개발과정에 있어서, 이 지침서에 영향을 줄 수도 있다. 이 지침서의 심각한 수정은 산업계의 컨설팅을 필요로 한다.

④ AAM은 항공안전 이외의 고려 사항에 영향을 줄 수도 있고 영향을 받을 수도 있다. Vertiport 소유자나 운영자들은 연방정부, 주정부, 지방정부 기관들의 지침서를 참조하여 각급 정부의 규제에 합당하도록 한다.

20) Guidance for vertiport design, ADVISORY CIRCULAR, AC 139.V-01 v1.0, Australia, 2023

(2) 입지 선정(site selection)

Fundamental considerations

① vertiport 입지 선정은 취항할 항공기의 종류, 가용 면적, vertiport configuration, 장애물 환경 등을 포함한 많은 범위의 변수들을 고려해야 한다.

② 이 변수들 중 일부는 다양한 관련 주체들의 효과적인 참여에 의존해야 한다. Vertiport 운영자들은 항공기 운영자, 정부 관련주체, 인근의 공항 운영자, 지방정부 등과 열린 소통 창구를 마련해야 한다.

③ 취항할 항공기 기종은 vertiport를 개발할 때 모든 설계 고려사항 중에서도 기본을 이룬다. vertiport 소유자가 하나의 항공기 기종만 지원한다면, 그 기종은 설계 기종(design aircraft)이 된다. 복수의 항공기 기종을 지원하는 vertiport의 경우 설계 기종은 가장 어려운 특성들로 구성된 virtual aircraft가 되는데, 즉, 가장 큰 항공기, 가장 무거운 MTOW 항공기, 가장 심각한 비행로 요건(예: approach/climb-out gradient and/or horizontal flight requirements following a critical failure)을 포괄하는 관념적 항공기(virtual aircraft)가 설계 기종이 되는 것이다. 기타 고려사항으로는 undercarriage width, 소요 착륙거리, 이륙 실패 소요 거리, VCA가 착륙, 기동, 이륙할 때 발생하는 downwash/outwash 영향 등이 포함된다.

④ 가용한 vertiport 면적과 의도된 운항의 범위는 vertiport configuration에 영향을 미칠 것이다. FATO, 유도로, 스탠드 및 부속 건물과 같은 시설의 개수는 물리적 환경에 의해 제한될 수 있다.

⑤ Vertiport가 빌딩 주변이나 극심한 지형에 건설될 때, 특별한 고려가 필요하다. Vertiport가 복잡한 난기류(turbulence)에 건설될 잠재성이 있기 때문이다.

⑥ 장애물이 많은 지역이나 미래 개발에 의해 영향을 받을 수 있는 지역 안에 있는 vertiport는, 선호되는 미래 flight paths에 대하여 적절한 이해관련 주체를 컨설팅하여 신중하게 고려하여야 한다.

⑦ 잠재적인 vertiport 입지는 각급 정부 규제에 따라야 하고, 비정부 출원 요건도 만족시켜야 하는데, 이러한 요건은 vertiport의 위치와 법적 관할에 따라 달라진다.

⑧ Vertiport 소유자나 운영자는 적절한 관련 주체들을 컨설팅하고, 소음, 보안, 환경문제, 기상보고, 프리이버시 등을 고려해야 한다.

⑨ 새로운 VCA(VTOL Capable Aircraft)가 도입되거나, VCA의 운항 모드가 바뀌는 경우, Vertiport와 VCA의 적합성 연구가 수행되어, 해당 vertiport를 사용하는 VCA에 적합하도록 해야 한다.

Proximity to other vertiports or other aerodrome Infrastructure

① Vertiport가 다른 vertiport나 공항 인근에 위치하면, FATO의 입지와 설계 및 관련되는 flight paths와 다른 vertiport나 공항의 교통과, 자신의 교통 간에 상호 작용을 신중하게 고려해야 한다.

Downwash and outwash protection

① VCA의 downwash와 outwash 영향은 아직 알려지지 않았다. 그러나 vertiport 설계자나 운영자는 디자인 단계에 그 잠재적 영향을 고려해야 할 필요가 있다.

② Vertiport와 관련 시설들은 VCA가 vertiport를 향해서, 또는, vertiport로부터 운항할 때 발생하는 downwash/outwash type effects가 다음과 같은 사람과 재물을 손해와 손상으로부터 보호하기 위한, 설계와 위치 선정을 해야 한다:

- 사람
- 다른 항공기
- 빌딩
- 차량
- 장비

③ Downwash/outwash type별로 영향의 평가가 수행되어야 한다. 평가는 VCA의 downwash/outwash 특성과, 구체적 지역 조건과, 영향받는 사람과 시설에 대한 적절한 바람 안전 범주를 고려해야 한다.

④ Vertiport가 여러 종류의 VCA를 지원하거나, 상이한 운영자에 의해 운영되는 VCA를 지원하려면, 그 vertiport에서 운항하는, 개별 항공기 기종별 상세한 안전 평가와 운항 평가가 고려되어야 할 필요가 있다.

⑤ 잠재적 downwash and outwash characteristics은 VCA 제작사나 운영자로부터 구할 수 있을 것이다. VCA의 운항 매너에 따라 실제 경험하는 downwash and outwash는 달라질 수 있다.

⑥ VCA downwash/outwash와 관련된 잠재적 사건/사고를 줄이거나 피하기 위하여, vertiport 주변에 경계선 형식으로, VCA 운항 중에 사람의 이동을 제한/금지하는 구역을 downwash protection 구역으로 고려하여야 한다.

⑦ 이 downwash protection zone은 착륙지점 상공의 hover에 추가하여, hover에 대한 최종 접근단계나, 이륙 초기, VCA가 FATO에 위치를 잡으려고 할 때, downwash/outwash가 심할 수 있다는 것을 인식해야 한다.

주의: 항공안전, 직업적 건강, 안전예측 등을 결합한 위험 문제는 VCA가 기동하는 동안 차량과 행인의 감시를 요구할 수도 있고, 견고한 정비와 FOD 방지 절차, downwash/outwash 보호구역 보존 등을 요구하여, 제3자 상해와 피해를 줄일 수 있는 미래 개발을 요구할 수 있다.

2 Vertiport physical characteristics

(1) 일반사항(general)

① Vertiport는 일련의 필수 구성 요소와, 필수적인 지역뿐만 아니라 일부 선택 요소도 포함할 수 있다. 아래 그림에서 보는 바와 같이 다음 항목을 포함한다:

a. one or more FATO

b. one or more touch down and lift-off areas(TLOF)

c. protection areas

d. taxiways and/or taxi-routes

e. stands

② 아래 그림은 동시에 한 대의 VCA만 FATO에 있을 수 있는 설계 가정에 근거한다.

③ 한 FATO를 접근/이탈하는 운항은 인접한 FATO와 동시에 발생하지 않는다는 가정이 추가된다. 만일, 동시 운항이 계획되려면, downwash, 비행로, 기타 공역 제한사항을 고려해서 결정된 FATO 간 적절한 분리 거리가 결정되어야 한다.

④ Elevated vertiport에는 vertiport에서 밑으로 떨어지는 위험을 완화하기 위한 안전장치를 설치할 수 있는데, 이 안전장치가 OLS를 침투하거나 보호구역의 높이를 초과해서는 안 된다.

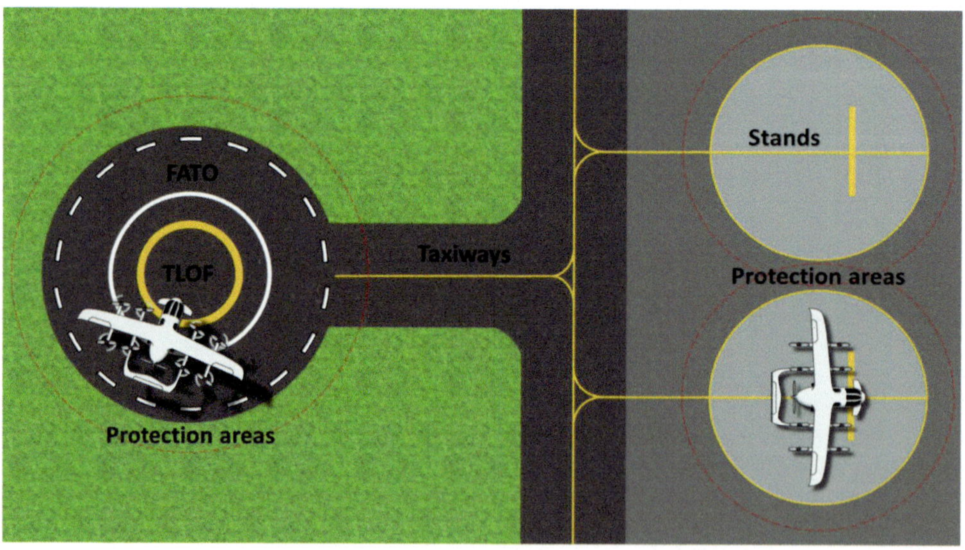

(2) Essential vertiport components

Final approach and take-off(FATO) area

① 하나의 Vertiport는 적어도 하나의 FATO를 제공한다.

② FATO는 다음의 특성을 갖는다:

a. 최종 접근단계와 이륙 시작단계에 설계 항공기의 모든 부분을 포괄할 수 있는 충분한 크기와 모양(FATO의 모양은 선택할 수 있음)

b. TLOF와 연이어 위치할 때는 TLOF와 접해야 한다.

c. TLOF와 연이어 있지 않을 때는 필수 물체 이외에 장애물이 없어야 하며, 잠재적 강제 착륙에 위험요인이 없어야 하고, downwash 효과에 저항적이어야 한다.

③ FATO의 크기는:

a. 설계 항공기의 비행 매뉴얼(AFM)에 제시된 RTODRV(rejected take-off distance required)의 길이와 1.5 Design D 중에서 큰 값

b. 설계 항공기 AFM에 제시된 너비, 또는 1.5 Design D 중, 큰 값

④ 필수 물체는 높이가 5cm를 초과하지 않아야 한다.

⑤ FATO의 slope는 모든 방향에서 2%를 초과하지 않아야 한다.

⑥ FATO는 항공기 운항에 악영향을 주는 turbulence를 포함하여, 주변 환경의 영향을 최소화하도록 위치해야 한다.

⑦ FATO는 FATO 보호구역(FPA: FATO Protection Area)으로 둘러싸여야 한다.

⑧ 하나의 vertiport가 두 개 이상의 FATO를 가지려면, FATO 사이의 간격은 의도하는 VCA 기동의 안전운항을 지원할 수 있는 안전평가에 의해 결정해야 한다.

Touchdown and lift-off(TLOF) area

① Vertiport는 적어도 하나의 TLOF를 제공한다.

② TLOF는 FATO 내에 제공되어야 한다.(그림 참조)

③ TLOF는 다음과 같은 성질을 갖는다:

a. 의도하는 방향에 맞춰졌을 때, 설계 항공기의 undercarriage를 포괄할 수 있는 충분한 크기와 모양

b. TLOF 구역은:

- 장애물 없음
- 설계 항공기와 연관된 dynamic load를 수용할 수 있는 충분한 bearing 강도를 가질 것
- VCA의 touchdown, lift-off, taxi에 악영향을 줄 수 있는 불규칙성이 없을 것
- VCA의 밀림과 사람의 미끄러짐을 피할 수 있는 마찰력 유지
- downwash 영향에 대한 저항성
- VCA가 touchdown, lift-off, stationary할 때 안정성이나 통제에 악영향을 주지 않도록 효과적으로 배수가 될 것

④ TLOF 최소 크기는 설계 항공기 AFM에 기술된 크기, 또는 0.83 D 중에서 큰 값

⑤ TLOF의 slope는 모든 방향에서 2%를 초과하지 않음

⑥ TLOF가 FATO 내에 있을 때

- FATO 중앙에 위치하든지
- elongated FATO의 경우, FATO의 longitudinal axis 가운데에 위치

⑦ TLOF가 VCA 스탠드 안에 있을 때는 스탠드 중앙에 위치해야 함

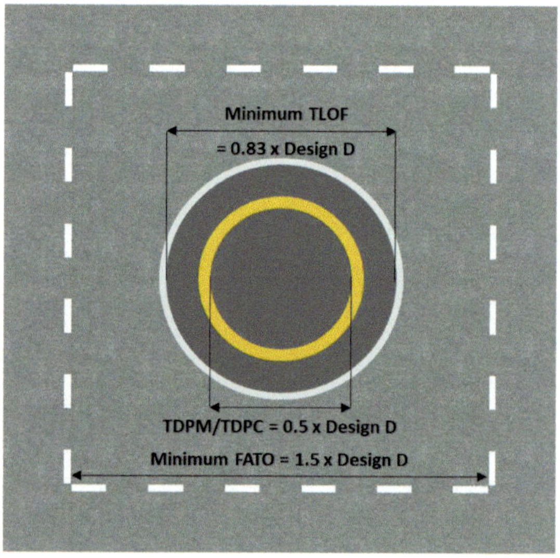

(3) Optional vertiport components

VCA taxiways

① Vertiport 내에서 VCA가 자체 동력이나 지상 이동 장비로 의도하는 이동을 위해서 유도로가 제공되어야 한다.

② VCA 유도로는 taxi-route 내에 위치해야 하며, 다음과 같은 특성을 갖는다:

a. 설계 항공기의 undercarriage를 포괄할 수 있는 충분한 너비

b. 해당 구역은;

- 장애물 없음
- 해당 유도로를 이용할 항공기의 taxiing loads를 수용할 수 있는 bearing strength를 가질 것
- VCA의 지상 taxiing에 악영향을 줄 수 있는 불규칙성이 없을 것임
- downwash 효과에 저항력 있을 것
- VCA가 자체 동력으로 이동하거나, 지상 장비로 이동하거나, 정지해 있을 때, VCA의 통제나 안정성에 악영향을 주지 않을 정도의 효과적인 배수 확보

③ VCA taxiway의 최소 너비는 설계 항공기 UCW(undercarriage width)의 두 배가 되도록 한다.(그림 참조)

④ 유도로의 가로 slope는 2%를 초과하지 않아야 하고 세로 slope는 3%를 초과하지 말아야 한다.

⑤ 지상 유도로 사이의 거리를 설정할 때는, 유도로상의 항공기 간 거리를 고려하여, 최소 wingtip clearance가 설계 항공기 최대 너비의 0.25배보다 멀어야 한다.

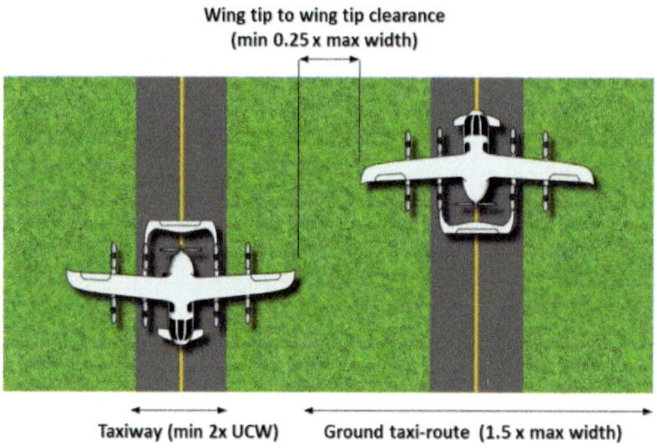

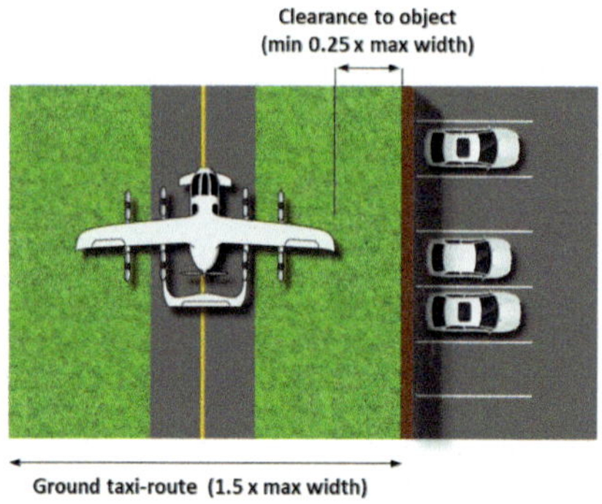

Taxi routes for VCA

① Vertiport 내에서 VCA가 자체 동력이나 지상 이동 장비로 의도하는 이동을 위해서 유도항로가 제공되어야 한다.

② VCA taxi-route는 다음과 같은 특성을 갖는다:

a. 설계 항공기를 포괄할 수 있는 충분한 너비.

b. 필수 물체를 제외한 장애물 없음

c. downwash효과에 대한 저항력

d. taxiway와 collocated인 경우;

- taxiway와 contiguous and flush할 것
- 운항 위험요인이 되지 않을 것
- 효과적인 배수 확보
- taxiway edge에서 바깥쪽으로, 위쪽 방향 횡단 경사가 4%를 초과하지 않을 것

e. taxiway와 collocated가 아닌 경우, 강제 착륙이 필요할 때 위험요인이 없도록 할 것

③ taxiway와 collocated인 곳에서는, VCA taxi-route에 위치한 필수 물체는 다음 사항을 금지함:

a. taxiway edge 바깥쪽, 50cm 이내 거리에 위치

b. taxiway edge 바깥쪽 50cm에서 시작하고, taxiway 상공 25cm 높이와, 바깥쪽 상향 경사도 5%로 지상 taxi-route의 바깥쪽 edge에 이르는 표면에 침투

Ground taxi-routes for VCA

④ VCA 지상 taxi-route는 전반적 설계 항공기 너비의 최소 1.5배 너비를 가져야 하며, 그림에서 보는 바와 같이 중앙선은 taxiway 중앙이다.(그림 참조)

주의: 접이식 날개 등으로 taxiing할 때, VCA 운항 너비가 상이한 경우, 축소된 너비가 taxi-route 너비 설정에 고려될 수 있다.

Air taxi-route for VCA

⑤ VCA air taxi-route는 설계 항공기 너비의 최소 두 배가 되는 너비를 가져야 한다.(그림 참조)

⑥ taxiway와 collocated되지 않은 경우, air taxi-route 아래 지상의 경사도는 설계 항공기의 경사 착륙 한계치를 초과해서는 안 된다. 어떤 경우이든, 횡단 경사도는 10%를, 종단 경사도는 7%를 초과해서는 안 된다.

주의: air taxi route의 너비를 결정할 때, air taxiing하는 VCA의 잠재적인 downwash or outwash 영향을 고려해야 한다.

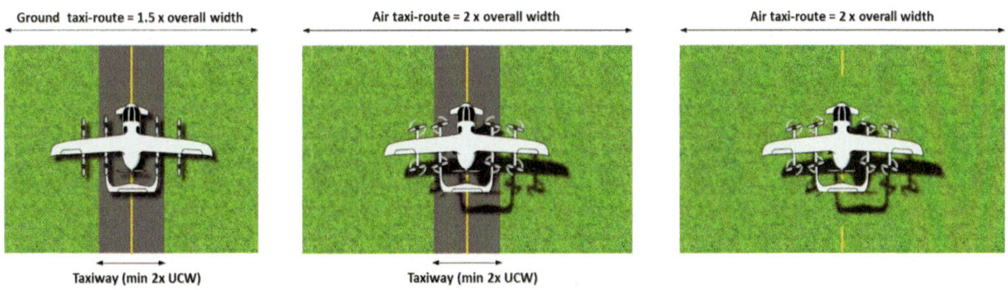

VCA stands

① VCA stands는 승객과 화물의 안전한 상차와 하차를 허용하고, 다른 교통에 영향을 주지 않고 항공기 서비스를 하기 위해 제공된다.

② VCA stands는 다음과 같은 특성을 가짐(그림 참조):

a. 설계 항공기가 stand에 위치했을 때, 설계 항공기의 모든 부분을 포괄하기에 충분한 크기와 모양

b. 해당 구역은;

- 장애물 없음
- 의도된 loads를 지탱할 수 있는 bearing strength
- VCA 기동에 악영향을 줄 수 있는 불규칙성 없음
- VCA의 미끄러짐과 사람의 미끄러짐을 방지할 수 있는 마찰력
- downwash 효과에 저항성
- VCA가 자체 동력으로 이동하거나, 지상 장비로 이동하거나, 정지해 있을 때, VCA의 통제나 안정성에 악영향을 주지 않을 정도의 효과적인 배수 확보

③ VCA stand의 경사도는 모든 방향에서 2%를 초과하지 않을 것

D-Value-based VCA stand

① VCA stand 설계가 D-value에 근거하는 경우, 최소 크기는;

a. 1.2 D를 지름으로 하는 원, 또는

b. 기동과 위치 선정에 제한이 있을 때는, 설계 항공기가 stand에 위치했을 때, 설계 항공기의 모든 부분을 포괄하기에 충분한 크기와 모양이거나, 설계 항공기의 전반적 너비의 1.2배 이상 크기

② D-value에 근거한 VCA stand는 보호구역 내에 위치해야 한다.

Geometry-based VCA stand

① VCA가 자체동력에 의하거나 지상 이동 장비를 이용해서 지표상의 이동으로 stand를 진/출입해야 하는 경우, 가능하다면, stand는 항공기의 geometry에 합당하게 설계되어야 한다.(공항의 에이프론 개념과 유사한 논리임. (아래 그림 참조)

② clearances는 해당 stand를 이용할 모든 VCA의 크기에 근거해서 결정된다.

③ VCA와 VCA 간, 또는 VCA 와 빌딩이나 기타 에이프런에 있는 물체 간의 clearance 거리는, 위의 VCA stand 규정에서 제시한 요건을 만족시키거나 다음 사항보다 작으면 안 된다.;

a. 너비가 18m 이하인 VCA를 위해서는 3m, 또는, 해당 stand를 사용할 VCA 중 너비가 가장 넓은 항공기 너비의 0.25배 중에서 큰 값

b. 너비 18 이상인 VCA를 위해서는 4.5m

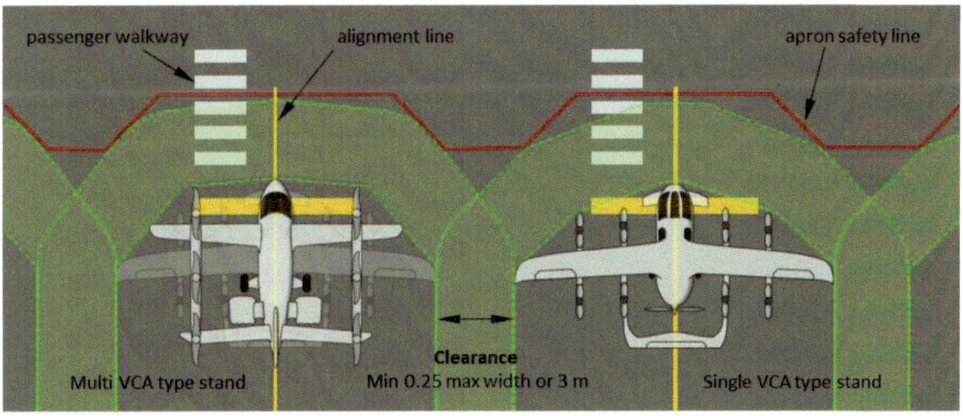

Protection areas for D-value-based VCA stands

① D-value에 근거한 VCA stand의 경우, stand 보호구역은, 아래 그림과 같이 제공된다.

② 보호구역은 다음과 같은 특성을 갖는다:

a. 기본 물체를 제외한 장애물 없음

b. downwash 효과에 저항할 수 있음

c. 단단한 지면인 경우, stand와 같은 높이, stand edge로부터 바깥쪽으로 4%를 넘지 않는 상향 slope, 효과적인 배수 확보

③ 회전 설계 stand와 연계된 경우, 보호구역은 stand 변두리로부터 바깥쪽으로 0.4 Design D 거리까지 연장된다. 그렇지 않은 경우, stand와 보호구역의 최소 너비는 연계된 taxi-route 너비보다 작지 않아야 한다.

④ 비동시적인 항공기 운항을 위해 설계된 stand와 연계해서는;

a. 인접한 stand 사이의 보호구역은 겹칠 수 있으나, 큰 stand의 필수 보호구역보다 작아서는 안 된다.

b. 인접한 stand는 정적인 항공기를 포함할 수 있다.

⑤ 보호구역에 위치한 필수 물체는 다음 사항에 저촉되면 안 된다;

a. 물체가 VCA stand 중앙으로부터 0.75 Design D 이하의 거리에 위치해 있다면, stand level상에 5cm보다 높은 표면 침투금지

b. 물체가 VCA stand 중앙으로부터 0.75 Design D 이상의 거리에 위치해 있다면, stand level의 25cm보다 높은 표면을 침투하거나, 5% 경사도로 바깥쪽, 상방향 경사 표면을 침투하면 안 됨

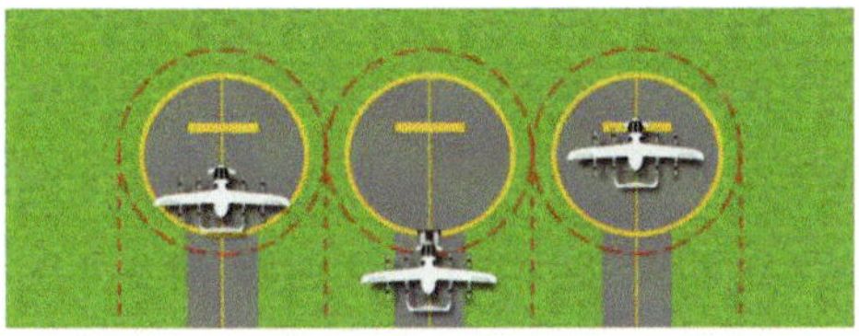

Example A: Ground taxi. Simultaneous taxi-on/push-back stands

Example B: Ground taxi. Simultaneous turning stands

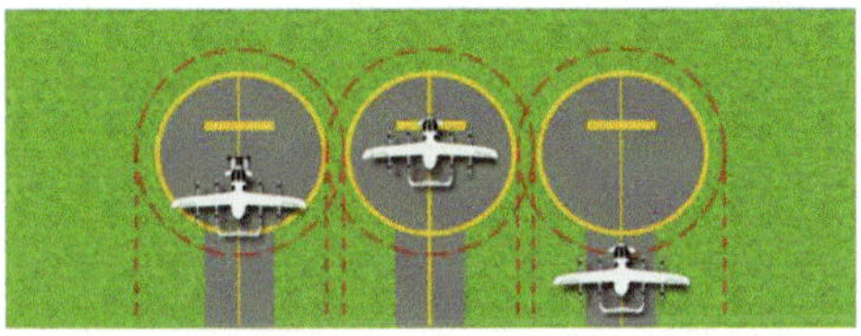

Example C: Ground taxi. Non-simultaneous taxi-on/push-back stands dependent on other stand being clear or with static aircraft

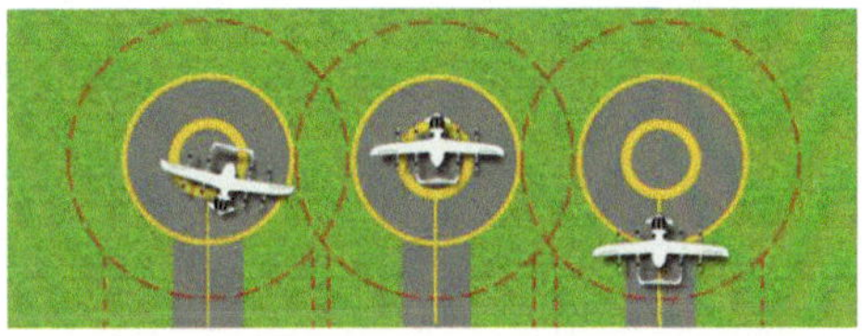

Example D: Ground taxi. Non-simultaneous turning stands dependent on other stand being clear or with static aircraft only

Example E: Air taxi. Simultaneous taxi-through stands

Example F: Air taxi. Simultaneous turning stands

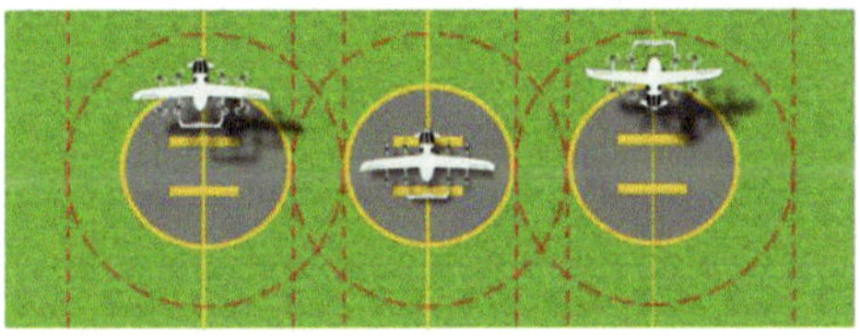

Example G: Air taxi. Non-simultaneous taxi-through stands dependent on other stand being clear or with static aircraft only

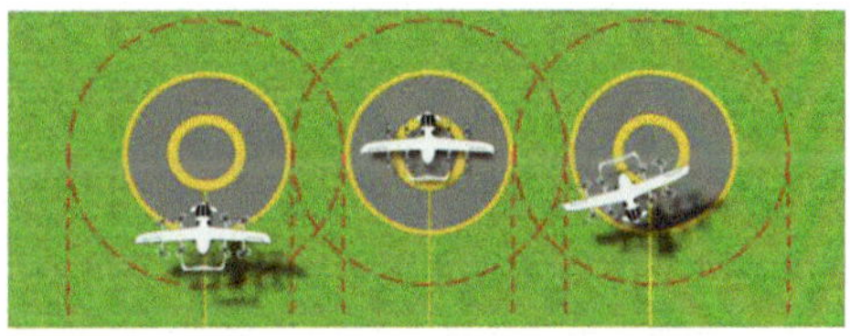

Example H: Air taxi. Non-simultaneous turning stands dependent on other stand being clear or with static aircraft only

3 장애물 제한 표면(OLS: obstacle limitation surfaces)

(1) Introduction

Vertiport 운영자는 설계 VCA의 핵심적 성능에 적용되는 장애물 제한표면(OLS: obstacle limitation surfaces)을 수립해야 한다.

(2) Obstacle limitation surfaces origins

OLS가 연유되는 보호구역에 대하여 알아본다. OLS의 dimensions은 FATO elevation 상공 152m 이하 고도에서, 접근과 착륙의 visual phase에서 기동하는 접근, 상승, 착륙 실패에 따른 기동을 보호하기 위한 일반적 목적을 지원한다.

FATO Protection Area(FPA)

① 각 FATO에는 FPA가 제공되어야 한다.(그림 참조)

② FPA는 다음과 같은 성질을 갖는다:

a. 필수 물체를 제외한 장애물 없음

b. 단단한 곳에서는, FATO의 edge와 flush해야 하며, downwash 효과에 저항이 있어야 하고, 효과적인 배수를 확보해야 한다.

③ FATO가 수직 절차없이 이착륙을 지원하는 곳에서는, FPA는 FATO를 둘러싼 구역으로 다음을 포괄한다.

a. FPA reference circle에 중심을 둔, 이착륙 비행로에 배열이 맞춰져 작도된 사각형으로 경계된 구역

b. 복수의 FPA reference circle의 직접적인 공통 접선 안에 포함된 모든 구역

④ FATO가 수직 절차가 있는 이착륙을 지원하는 곳에서는, FPA는 FATO를 둘러싼 구역으로 다음을 포괄한다.

a. FPA reference circle(s)

b. 복수의 FPA reference circle의 직접적인 공통 접선 안에 포함된 모든 구역

⑤ FPA reference circle의 반지름은 FATO 너비의 절반에 3m, 또는 Design D의 0.25배 중에서 큰 값을 더한 값이 된다.

⑥ FATO의 길이가 너비보다 큰 경우, 그림의 example C에서 보는 바와 같이, 분리된 FPA reference circles이 FATO 중심선의 중앙에 위치하는데, FATO 끝으로부터 FATO 너비의 절반이 되는 거리에 위치한다.

⑦ FPA 내부에 위치한 필수 물체는 높이가 25cm을 넘지 말아야 하며, 약하게 고정(frangibly mounted)되어야 한다.

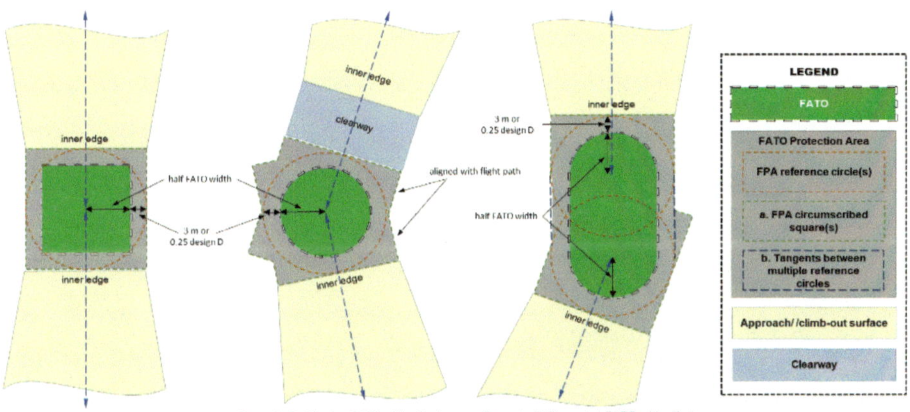

Example A: Square FATO with straight-through approach / climb-out paths
Example B: Circular FATO with offset approach / climb-out paths
Example C: Elongated FATO with offset approach / climb-out paths

Vertical Procedure Surface

① 수직절차표면(VPS: Vertical Procedure Surface)은 vertiport 이착륙에 수직 절차가 이용되는 경우에 수립되어야 한다.

② VPS는 VPS reference circle에 중심을 두는, 의도된 항공기 비행로에 배열을 맞춘 정방형 작도로 경계된 구역을 포괄하는 표면이다.

③ VPS는 장애물이 없어야 한다.

④ VPS reference circle은 FATO 상공 중앙에 설치된다.

⑤ VPS reference circle의 지름은 연계된 FPA reference circle의 지름에, FATO에서 높이가 100피트 증가할 때마다 1 Design D를 더한 값과 같아야 한다.

⑥ Vertiport 운영자는 가장 어려운 조건의 VCA, 또는 VCA 운영자가 의도하는 운항 요건이 가장 어려운 조건에 따라 VPS의 elevation을 결정해야 한다.

Obstacle Free Volume(OFV)

① VPS와 연관된 FATO 사이에 OFV가 설치되어야 한다.

② OFV는 장애물이 없어야 한다.

③ OFV는 FPA reference circle edge와 VPS reference circle edge 사이에 연장되는 잘린 원뿔 형태가 된다.(pp. 193-194 그림 참조)

Vertiport clearway

① VCA가 수평으로 이동할 필요가 있을 때, FPA/VPS outer edge와 접근/상승 표면의 inner edge 사이에 vertiport clearway가 설치되어야 한다.

② Vertiport clearway는 다음과 같은 특성을 갖는다:

a. 항공기가 FPA/VPS와 접근/상승 표면 사이를 운항할 때 설계 항공기를 충분히 포괄할 수 있는 크기와 모양

b. 필수 물체를 제외한 장애물 없음

c. downwash 효과에 저항

d. 지상 고도에서는, FPA와 contiguous surface flush여야 하고, 강제 착륙 시에 위험요인이 없어야 함

③ Vertiport clearway의 폭은 연계된 FPA/VPS의 폭보다 작으면 안 되고, 의도된 비행로 중앙에 중심을 갖는다.

(3) 표면(surfaces)

Approach/Climb-Out Surface

① Vertiport로 향하고, 떠나는 각 접근/상승 비행로에 접근/상승 표면을 설치해야 한다.(pp. 193-194 그림 참조)

② 접근/상승 표면은 기울어진 면, 또는 평면의 결합으로 이루어지며, 회전이 포함되는 경우는 복잡한 조합이 되는데, 비행로에 중심을 갖고, inner edge로부터 위쪽으로 기우는, 장애물이 없는 표면들의 결합들로 구성된다.

③ 접근/상승 표면의 끝은 다음을 포함해야 한다:

a. inner edge는 연계된 FPA/VPS의 outer edge와 일치하고 같은 길이여야 한다.

b. inner edge의 끝에서 출발하는 두 개의 side edges는, vertical plane으로부터 정해진 일정한 비율로 diverging하며, 특정된 너비까지, 의도된 비행로에 맞춰지면서, 거기서부터, 그 폭으로 접근/상승로 표면 나머지 길이까지 이어진다.

c. outer edge 수평선은 vertiport elevation 위쪽, 특정된 높이로 의도된 비행로 접근표면 중심선에 수직이다.

④ 위에서 제시한 특정 값들은 아래의 표를 참조할 것

Characteristics	Value
Inner edge width:	Width of FPA/VPS/clearway
Day use only final width:	7 x Design D
Day use only divergence:	10%
Night use final width:	10 x Design D
Night use divergence:	15%
Outer edge height above FATO elevation	500' (152 m)

⑤ 접근/상승 표면이 회전과 연관되는 경우, 표면은 중심선까지 수평 평균을 포괄하는 복잡한 표면이 되며, 중심선의 기울기는 직선 접근면과 같아야 한다.

⑥ 접근/상승 표면의 기울기는 표면의 중심선을 포괄하는 vertical plane에서 측정되어야 한다.

⑦ 접근/상승 표면 기울기 또는 기울기 결합과 section 길이는 장애물 환경과, 항공기 성능을 참조하여 결정한다. 만일, 복수의 slope/sections이 수립된다면, 접근/상승 표면의 divergent portion은 단일의 일정한 기울기여야 한다.

Transitional surface

① 전이표면은 접근/상승 표면과 연계 clearway/VPS/FPA의 양옆에 수립되어야 한다.(pp. 193-194 그림 참조)

② 전이표면은 장애물이 없어야 한다.

③ 전이표면은 다음을 포함한다:

a. 접근/상승 표면의 outer edge 지점(outer edge의 최종 너비가 되는 지점)에서 시작하는 lower edge는 아래쪽으로 연장되면서, 접근/상승 표면 쪽을 따라 접근/상승 표면의 inner edge에 이르고,

b. 그곳에서부터, 의도된 비행로에 평행하는 clearway의 side를 따라간다.

c. VPS의 side의 길이를 따라가고,

d. 의도된 비행로에 평행하는 FPA의 side의 길이를 따라간다.

e. 접근/상승 표면의 outer edge 지점에서 시작하는 upper edge는 의도된 비행로에 동일한 높이로 평행하게 설정된다.

주의: 전이표면은 접근/상승 각도와 Design D에 따라 설정되면서, 접근/상승 표면의 전체 길이에 펼쳐질 수 있다. 전이표면은 또한, 수직 절차에도 어느 정도 영향을 받을 수 있다.

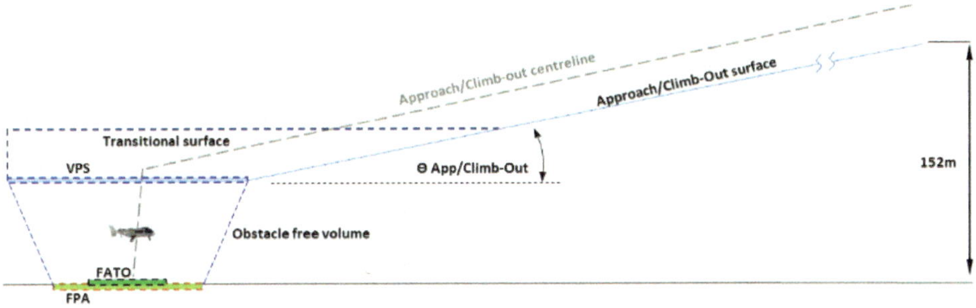
Approach/Climb-out centreline
Approach/Climb-Out surface
Transitional surface
VPS
Θ App/Climb-Out
152m
Obstacle free volume
FATO
FPA

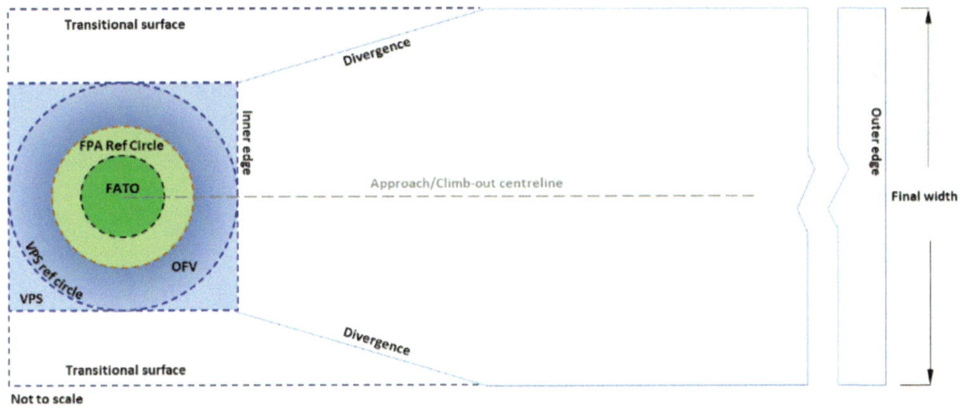
Transitional surface
Divergence
Inner edge
FPA Ref Circle
FATO
Approach/Climb-out centreline
Outer edge
Final width
VPS ref circle
OFV
VPS
Divergence
Transitional surface
Not to scale

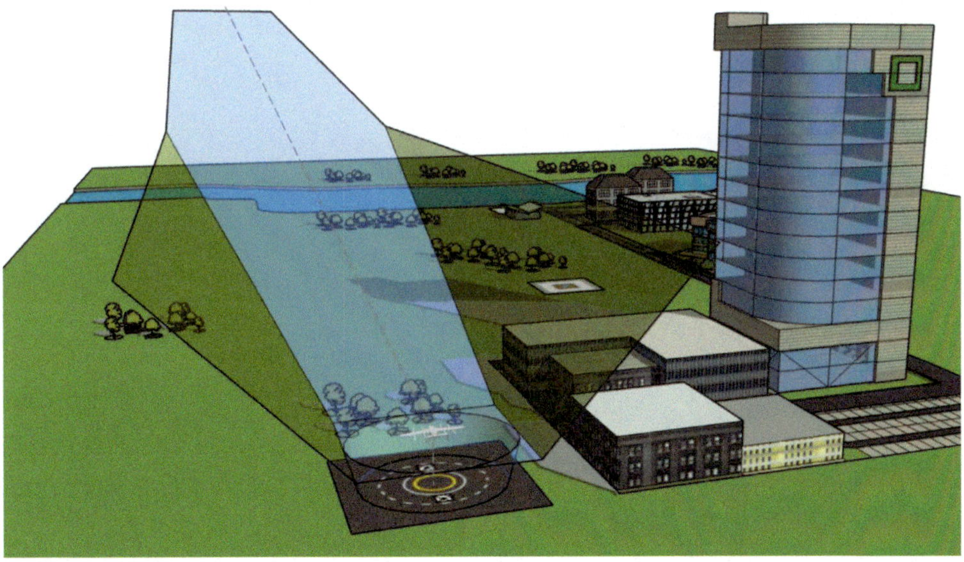

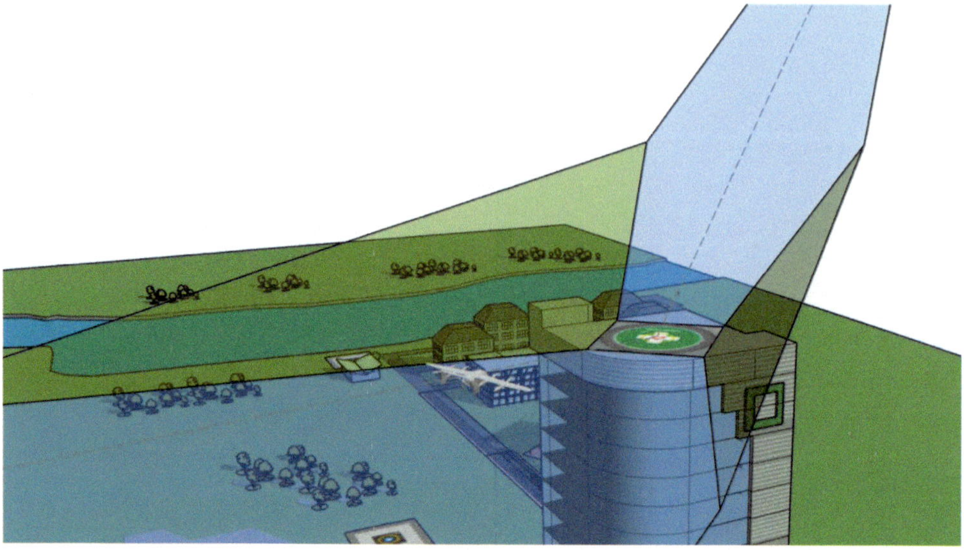

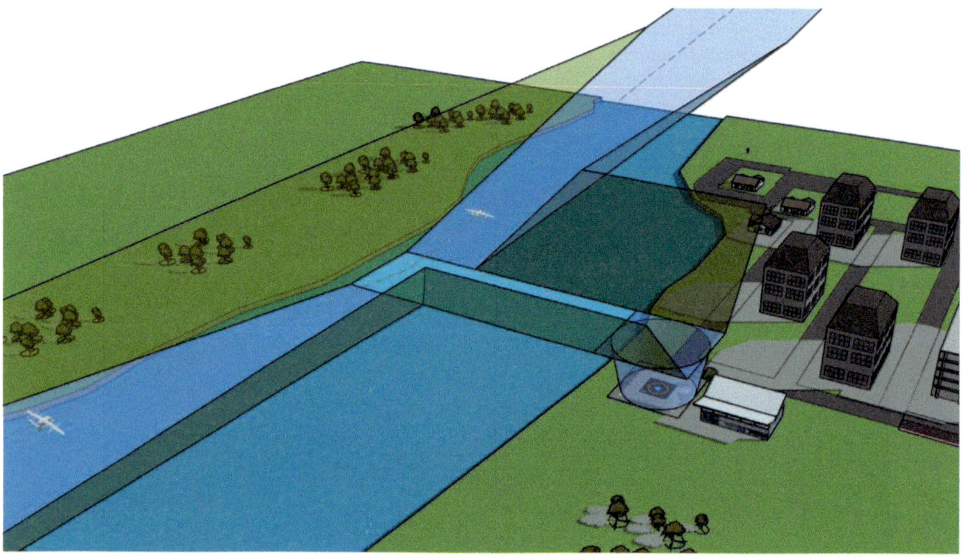

4 Visual aids

(1) Wind direction indicators

① Vertiport는 바람의 속도와 방향의 시각적 지시를 제공하기 위하여 풍향 지시계를 제공해야 한다.

② 풍향지시계는 FATO 상공의 바람 조건을 지시하도록 위치해야 하지만, 인근 물체나 lift/thrust 단위로부터의 downwash에 의한 난기류 효과가 없도록 위치를 정해야 한다. 풍향지시계는 비행 중인 VCA에서 보여야 하고, hover 지역이나 이동지역에서도 보여야 한다.

③ 풍향계 sleeve는 가벼운 섬유로 된 잘린 원뿔 모양으로서, 길이 1.2m, 큰 원의 지름은 0.3m, 작은 원의 지름은 0.15m이어야 한다.

④ 풍향지시계 sleeve의 색깔은 시각적 배경에 대해서 선명하게 보이는 것이어야 한다.

⑤ 야간 이용을 위한 vertiport의 풍향지시계는 조명이 되어서 야간에 시각적 배경에 대해서 선명하게 보일 수 있어야 한다.

(2) Markers and markings - General

① Vertiport에 사용되는 markers와 markings는 주/야간 운항에 사용되기 위하여 다음 사항들을 따라야 한다.

② Markers와 Markings는 사용자들이 선명하게 볼 수 있도록 다음 사항을 준수한다:

a. marking(box or border)은 배경에 대비되도록 한다.

b. 적절한 대비적 색깔 사용

c. 기타 방법에 의하여, 운항 조건에서, markers와 markings가 눈에 잘 띄도록 한다.

③ markers와 markings의 야간 시정성을 위하여 반사물질이나 전기 발광 페인트를 보충적으로 사용할 수 있는데, 그러한 물질이 잘못되더라도 위험을 유발하지 않는 경우에 사용한다.

(3) Markers and markings - FATOs

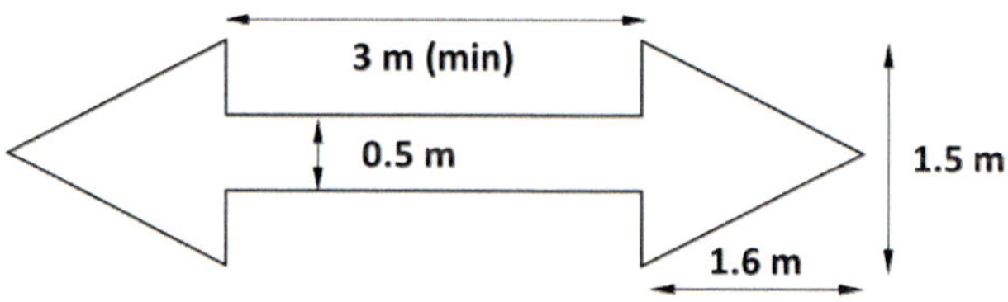

비행로 alignment guidance marking

① 비행로 alignment guidance markings은 가용한 접근/출발 비행로 방향을 지시하는 데 바람직하고, 적용 가능한 vertiport에 제공되어야 한다.

② 비행로 alignment guidance marking은 FATO에 착륙하거나 이륙하는 방향에 따라 직선으로 위치해야 한다.

③ 비행로 alignment guidance marking은 다음과 같은 각각의 특성으로 구성되어야 한다;

a. TLOF, FATO/FPA 위에 하나 또는 하나 이상의 화살표

b. 화살의 stroke는 너비 0.5m, 길이는 최소 3m

c. 위 그림에서 화살의 머리는 stroke의 길이에 무관하게 일정함

④ 비행로가 하나의 착륙 방향 또는 하나의 이륙 방향으로 제한되는 경우, 화살표는 단일 방향으로 될 것이다. Vertiport가 하나의 착륙/이륙 비행로가 가용한 경우, 하나의 양방향 화살표로 표시한다.

⑤ 마킹은 흰색으로 한다.

FATO Perimeter marking or markers

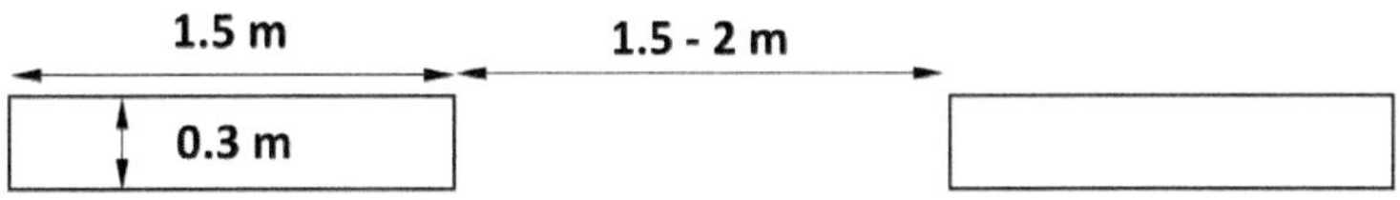

① FATO 경계선 marking, 또는 markers는 FATO의 크기가 자명하지 않은 vertiport에서 제공되어야 한다.

② 포장되지 않은 FATO에 대해서는 경계선이 flush in-ground markers로 설정되어야 한다.

③ 포장된 FATO에 대해서는, 경계선이 dashed 라인 페인트로 설정된다.

④ FATO 경계선 marking, 또는 markers는 다음과 같은 특성을 가짐:

a. FATO의 가장자리(edge)에 위치한다.

b. 너비 30cm, 길이 1.5m

c. 정방형 또는 직사각형으로 설정된 FATO는 끝에서 끝까지 간격이 1.5m 이상 2m 이하 길이로 코너와 함께 marking한다.

d. 색상은 흰색으로 한다.

TLOF perimeter marking

① TLOF 경계선 마킹은 TLOF 경계선이 자명(self-evident)하지 않으면 현시되어야 한다.

② TLOF 경계선 마킹은 TLOF 가장자리를 따라 위치해야 한다.

③ TLOF 경계선 마킹은 연속되는 30cm 너비의 흰색 선으로 구성되어야 한다.

Touchdown positioning marking(TDPM)

① VCA가 touchdown을 해야 하거나, 특정한 위치에 정확하게 놓여야 하는 경우, TDPM이 제공되어야 한다.

② TPDM은 다음 사항을 기준으로 한다;

a. touchdown/positioning의 방향에 대한 제한이 없는 경우, touchdown/positioning circle 마킹을 한다.

b. touchdown/positioning의 방향에 대한 제한이 있는 경우, 연계된 중심선과 함께 하나의 shoulder line을 마킹한다.

c. 최소 폭 0.5m의 노란색 선으로 한다.

③ TPDM은 다음과 같은 특성을 갖는다:

a. TPDM의 안쪽 edge/안쪽 원둘레는 VCA가 위치해야 하는 중심으로부터 0.25 Design D에 있어야 한다.

b. shoulder line이 적용되는 경우, 마킹의 길이는 0.5 Design D이어야 한다.

c. 최소 폭 0.5m의 노란색 선으로 한다.

④ TPDM은 TLOF 위에 다른 마킹과 연합되어 사용될 때, 주요(primary) 마킹이 되어야 한다.

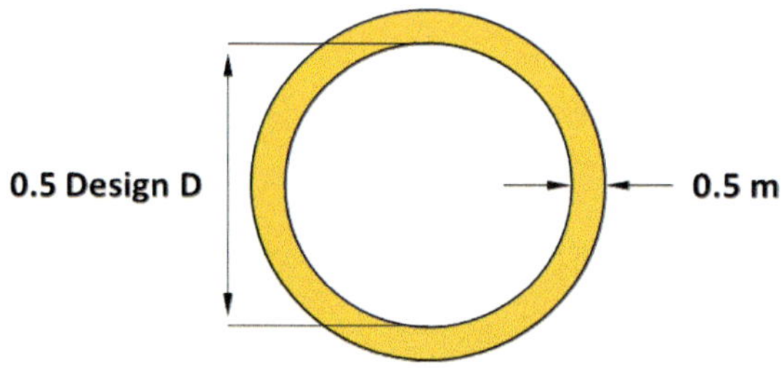

Aiming point marking

① 조종사가 TLOF로 진행하기 전에 FATO 상공의 특정한 지점에 접근하는 것이 필요한 vertiport에서는, 목표지점(aiming point) 마킹이 제공되어야 한다.(pp. 200-203 그림 참조)

② 목표지점 마킹은 FATO 중앙에 위치해야 한다.

③ 목표지점 마킹은 다음과 같은 특성을 갖는다:

a. 한 각의 이등분선이 선호되는 착륙 방향에 맞춰진 정삼각형

b. 연속된 선으로 구성됨

c. 마킹의 크기는 아래 그림에 제시됨

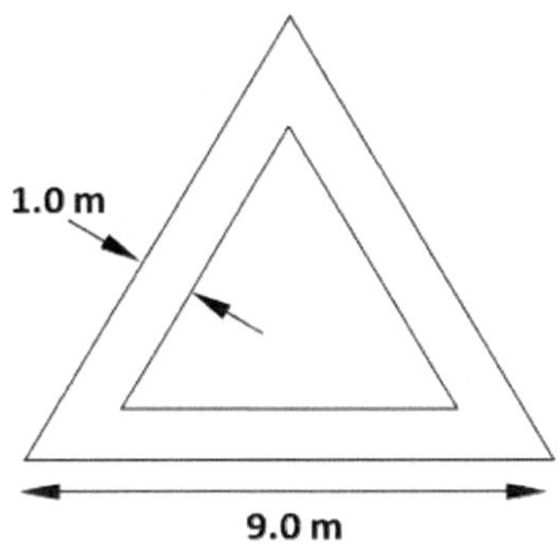

Vertiport identification marking

다음 그림에서 보는 바와 같은 버티포트 식별 마킹이 제공될 수 있다.

Vertiport marking 사례

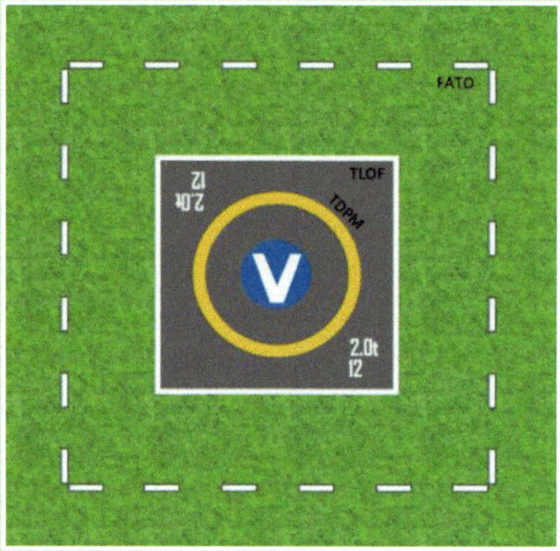

위 그림은 자연적 표면에 설치된 FATO 마킹의 사례를 보여주며, 다음 사항을 포함한다:

- FATO - Natural surface. White flush markers(1.5m×0.3m)
- TLOF - Grey painted square with edge marked by continuous white line(>0.3m)
- TDPM - Always an internal diameter 0.5 of Design D. Marked by a continuous yellow circle(0.5-1m wide)
- vertiport identification - European Union Aviation Safety Agency(EASA) white V on a blue background
- D-Value and maximum allowable weight markings.

주의: 그림은 사례에 불과하며, 자연 표면에 마킹조합 제한은 없다.

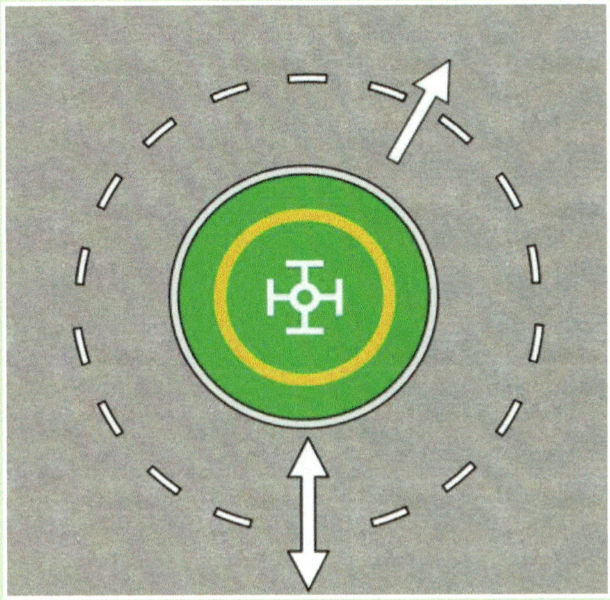

위 그림은 포장된 표면 위에 설치된 FATO 마킹의 예를 보여주며, 다음과 같이 설명된다;

- FATO - Light coloured paving. White markings(1.5m×0.3m) with black outline for contrast with paving
- TLOF - Green painted circle with edge marked by continuous white line(〉0.3m) and a black outline for contrast with paving
- TDPM - Always an internal diameter 0.5 of Design D. Marked by a continuous yellow circle(0.5-1m wide)
- vertiport Identification - Federal Aviation Administration broken wheel
- 2 types of flight path alignment guidance markings.

주의: 그림은 사례에 불과하며, 포장 표면에 마킹 조합에 제한은 없다.

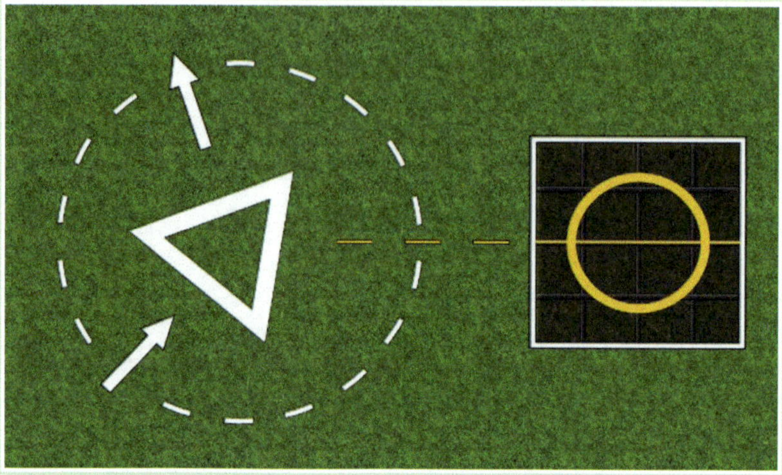

위 그림은 목표지점(aiming point)을 포함하는 FATO의 마킹 사례를 보여주며, 다음과 같이 설명된다:

- FATO – Natural surface. White flush markers(1.5m×0.3m)
- Air-taxi route markers – 1.5m×0.15m yellow markers
- TLOF – Mesh deck with edge marked by continuous white line(〉0.3m)
- TDPM – Internal diameter 0.5 of Design D, marked by a continuous yellow circle(0.5-1m wide)
- vertiport identification – none
- flight path alignment – white arrow markings.

주의: 그림은 사례에 불과하며, 마킹 조합에 제한은 없다.

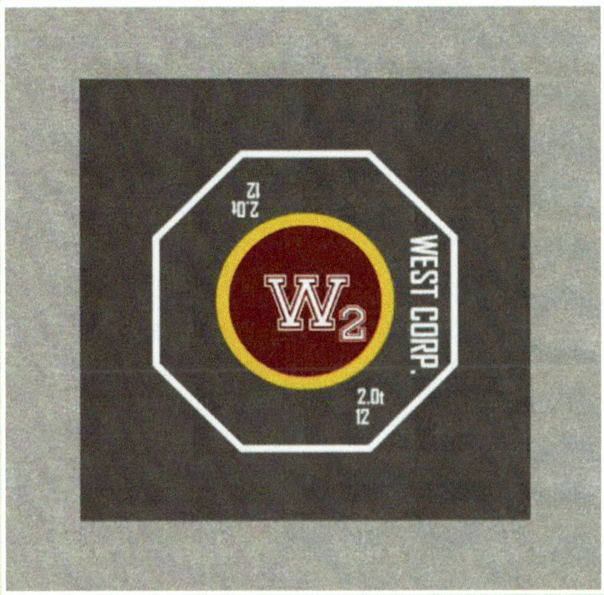

위 그림은 vertiport 이름이 포함된 마킹의 사례로서, 다음과 같이 설명된다:

- FATO – Self-evident as dark paving against light concrete
- TLOF(at 1 Design D) – Painted paved octagon with edge marked by continuous white line(〉0.3m)
- TDPM – Internal diameter 0.5 of Design D marked by a continuous yellow circle(0.5-1m wide)
- vertiport identification – Corporate logo with ordinal number
- vertiport name marking.

주의: 그림은 사례에 불과하며, 마킹 조합에 제한은 없다.

(4) Markers and markings - taxiways and stands

VCA taxiway markings and markers

① VCA 유도로 중앙선을 마킹해야 한다.

② VCA 유도로 중앙선 마킹은 15cm 폭의 노란색 실선이어야 한다.

③ 페인트 마킹을 수용하지 않는 VCA 유도로는 flush로 땅 위에 노란색 마커들로 표시하며, 15cm 폭, 1.5m 길이로, 조종사에게 방향 지침을 줄 수 있을 정도로 충분한 간격으로 떨어져 있어야 한다.

VCA air taxi-route markings and markers

① VCA air taxi-route 중앙선을 마킹해야 한다.

② VCA air taxi-route 중앙선 마킹은, 폭 15cm의 노란색 실선이다.

③ 페인트 마킹을 수용하지 않는 VCA air taxi-route는 flush로 땅 위에 노란색 마커들로 표시하며, 15cm 폭, 1.5m 길이로, 조종사에게 방향 지침을 줄 수 있을 정도로 충분한 간격으로 떨어져 있어야 한다.

VCA stand markings

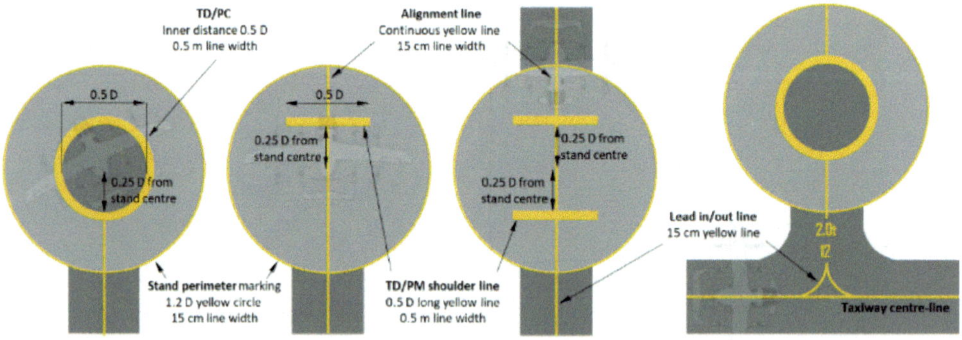

TD/PC for multi direction positioning | TD/PM and alignment line for single direction positioning | TD/PM and alignment line for dual direction positioning and taxi-through | Size and weight restricted stand

① VCA stand는 위 그림에서 보는 바와 같이 표시하며, 다음과 같은 사항을 포함해야 한다:

a. 하나의 TDPM

b. stand perimeter marking

c. lead-in/lead-out markings.

② VCA stand는 또한, 다음과 같은 사항을 포함할 수도 있다:

a. an alignment line

b. a stand designation marking

c. stand limitation markings

d. apron safety lines.

(5) Visual aids - Lighting(등화)

General

① 야간 운항에 사용되거나, 야간 운항 가용성을 원하는 vertiport는 아래와 같은 상세 항목에 따라 등화와 등화 시스템을 설치해야 한다.

② Vertiport의 등화와 등화 요소들(빛의 출력, 수직, 수평 배분, 색도)의 photometrics는 vertiport 환경에 적절해야 하고, 조종사 집중을 시각적으로 분산하거나 혼란을 끼치지 않고, 의도된 운항을 할 수 있도록 적절해야 한다.

주의: 전통적 heliport의 등화 시스템을 기준으로 활용하기 위하여, vertiport 설계자나 운영자는 국제민간항공협약 부속서 14, Volume II를 활용할 수 있으며, 그 문건에서, 계획하고 있는 VCA 운항에 가장 안전한 결과를 제공할 수 있는 적절한 photometrics를 결정할 수 있을 것이다. 그러나 수직적 절차가 적용되어야 하는 vertiport가 지역사회 민감 지역에 위치한 경우, 부속서 14, Volume II는 맞지 않을 수 있다.

③ 운항 환경이 다변적인 경우, 등화 시스템은, 필요한 경우, 적절한 강도를 위하여 조절이 가능하여야 한다.

Flight path alignment guidance lighting system

① Flight path alignment guidance lighting system(s)

가용한 착륙, 또는 이륙 path 방향을 지시하는 것이 바람직하거나, 현실적으로 필요한 vertiport는 FPAGLS을 제공하여야 한다.(아래 그림 참조)

② FPAGLS는 FATO, TLOF, 보호구역 내에서 TLOF나 FATO를 향해서 접근, 또는 떠나는 방향에 직선으로 맞추어 위치해야 한다.

③ Flight path alignment guidance 마킹과 결합하는 경우, 가능하면 등화는 “arrow” 마킹 안쪽에 위치시켜야 한다.

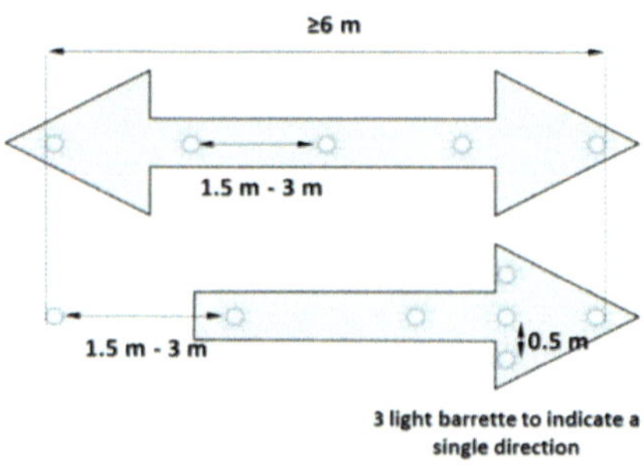

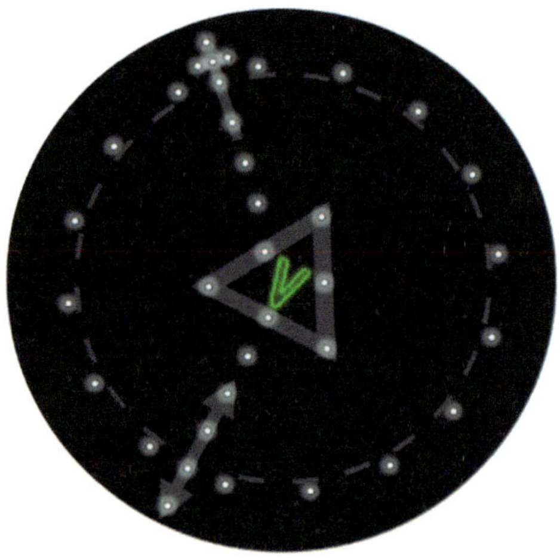

Note - Markings have been shaded to emphasise the lighting

④ FPAGLS는 다음과 같은 특성을 갖는다.

a. 총거리 최소 6m로 동일한 간격으로 3개 이상의 등화 설치

b. 등화 사이의 거리는 1.5m-3m

c. 면적이 허락하는 한 5개의 등화 설치

d. 전방향 흰색 등화

⑤ FPAGLS가 접근 또는 출발, 단 방향만 지시하고자 할 때에는 추가 등화를 설치하여 방향 표시를 해줄 수 있다.

CHAPTER

2

UAM 항공기 자율 운항과 버티포트 운영개념

2 UAM 항공기 자율운항과 버티포트 운영개념[21)]

1 서론

이 장에서는 자율운항 eVTOL 항공기를 이용한 여객 운송 목적의 도심항공교통 운항 서비스 전 과정을 살펴본다. 버티포트를 중심으로 한 UAM 운항시스템과 항공기 및 항공기 운영자의 상호 작용을 중심으로 논의한다. 논의에서 가정하는 버티포트는 복수의 TLOF(touchdown and liftoff areas)를 보유하고, 전기 동력 항공기의 계류 장소와 충전스탠드를 지원할 수 있는 곳이다. 또한, 이 버티포트는 자율운항 UAM 항공기를 운영 개시하는 시점 이전에, 이미 조종사 탑승 eVTOL을 운영하고 있었다고 가정한다. 그러나 자율운항 eVTOL 항공기를 안전하게 수용하기 위해, 기반시설의 개선과 조정, 절차 변경 등이 추가되었을 것으로 추정한다.

자율 eVTOL 항공기 운항은 POTL(pilot-over-the-loop) 메커니즘에 의해 수행되며, 이륙부터, 착륙과 지상이동 및 회항까지 안전운항 감독체제가 활용된다. 물론, 유인 eVTOL 운항 안전 확보에 필요한, 지상 및 항공기 탑재 시스템을 고려한 중복 하드웨어와 소프트웨어가 필요할 것이다. 승객 운송을 위한, 자율

21) Concept of Operations: Autonomous UAM Aircraft Operations and Vertiport Integration Skyport and Wisk, 2022

운항 eVTOL이 당장 도입되는 것은 아니지만, 미래 개발을 위한, 항공 기반시설과 정교한 안전 운항 해법에 대한 문제 제기를 함으로써, 유인 eVTOL 운영에도 발전의 계기가 될 수 있고, 미래의 AAM 운영 촉진에도 도움이 될 것이다. 또한, 규제당국과 산업계가 도심항공교통을 국가공역체계(NAS)에 통합하려는 노력에 도움이 될 수 있을 것이다.

2 초기의 UAM 항공기 자율운항 환경

이 자료는 저고도 공역에서, 소형무인기(sUAS)나 유인 eVTOL이 안전한 시스템 운영하에 본격적 운항을 시작한 초기[22]에 자율 eVTOL 항공기를 도입하려는 시도를 가정하여 논의한다. 이러한 초기 단계에는 전통적인 항공과 소형 무인기(sUAS), 복수 기종의 유인 eVTOL이 선별된 도심 교통 시장에 참여하고 있는 상황일 것이다. 항공기들은 전통적인 기반시설을 이용하기도 하고 버티포트와 같은 명료한 목적으로 제공되는 시설을 이용하기도 할 것이다. 이러한, 환경에서 eVTOL 자율운항은 비통제 공역을 활용할 수도 있고, 운항 임무 완수를 위하여, 통제공역 내에서 전통적인 ATC 메커니즘을 이용할 수도 있다. 이러한 단계에, PSU(Providers of Services for UAM)는 버티포트 운영 지역 내에서, 유인 eVTOL과 자율 운항 eVTOL에게 모든 측면의 서비스를 제공할 수 있도록 발전되어 있어야 할 것이다.

22) NASA 개념에 의하면 UAM 성숙수준 Level2에서 Level4로 향해 가는 단계

3 설계와 운영에 대한 가정

(1) 기반시설(infrastructure)

이 사례에서 적용하는, 버티포트에는 eVTOL 항공기가 이용할 수 있는 6개의 게이트와 두 개의 TLOF, 두 개의 FATO가 존재하며, TLOF는 FATO와 co-located 되어 있고, 동시 운항이 가능하도록 분리되어 있다. 물론, 이 사례에서는 복수의 동시 운항 가능성을 전제로 하지만, 제안하는 개념은 어떤 규모의 버티포트에도 적용할 수 있을 것이다. 아래의 그림은 본 사례에 적용된 버티포트를 보여준다.

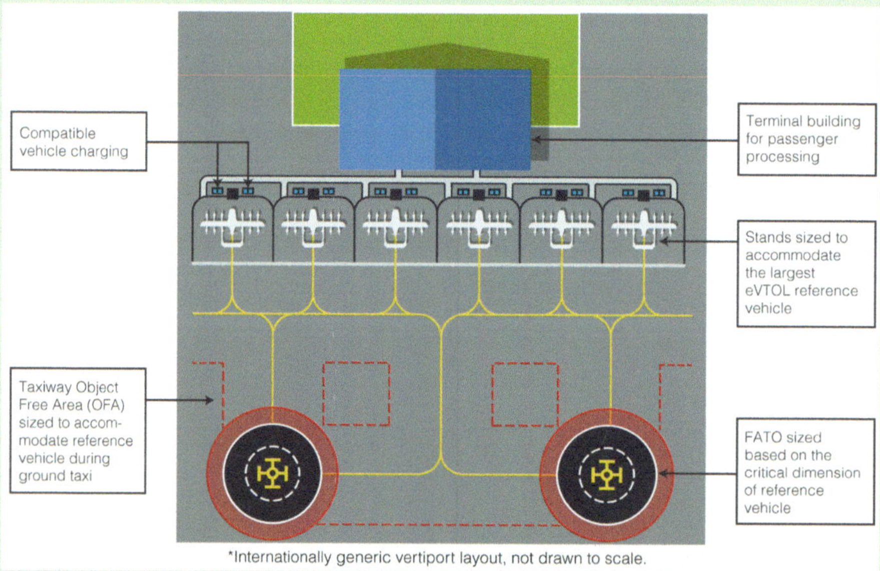

공역 영향과 충전요건 및 기타 버티포트 운영 합의에 의해, 해당 버티포트는 유인 항공기와 자율운항 항공기를 포함하여 시간당 20-30회 이착륙을 수용할 수 있음

(2) 항공기(aircraft)

항공기와 항공기 운영자는 미국의 14 CFR part 135와 유사한 체제의 규제에 의한 인증 보유자로서, 해당 자율 eVTOL 항공기 기종 운영 인증을 획득해야 한다. 운항 서비스는 사전 계획에 의한 정기 운송 서비스로부터 시작하여, 수요와 수용량이 증가하면, 일반인을 상대로 한 on-demand 비행도 가능할 것이다.

4 버티포트 자동화와 데이터 시스템

버티포트가 기능을 수행하고, 특히, 자율운항 eVTOL을 도입하려면, VOA(Vertiport Operating Area)의 완전한 형상과 터미널 시설뿐만 아니라 현재 및 미래의 버티포트 운영 상황을 항공기 운영자와 지역에 있는 기반시설 운영자에게 제공할 수 있는 표준화된 데이터 시스템을 확보해야 한다. 데이터 시스템은 또한, 버티포트 자원 사용 예약을 포함한 정보교환 등을 위하여, eVTOL 항공기 운영자와 여타의 버티포트 파트너(예: 공공기관, 환승 운영자 등) 간에 인터페이스를 제공하여야 한다.

초기에는, 버티포트 자동화 시스템(VAS: Vertiport Automation System)이 ATS 항로와 ATC가 통제하는 계기비행 절차(IFPs: instrument flight procedures)에 따른 흐름관리의 인식을 위하여, 기존 ATC의 TFMS(traffic flow management system)와 수동적으로 인터페이스할 것이다. 능동적 협조는 ATC 시스템과 VAS 사이의 전달자 역할을 하는 FOC(Flight Operation Center)에 의해 촉진될 것이다. VAS는 또한, 통제공역과 비통제공역을 통과하는 UAM 전용 항로를 위하여 UTM 제공 시스템과도 인터페이스할 것이다. 도심항공교통 산업이 UML-4 수준으로 성숙함에 따라, VAS와 FOC는 승인된 UAM 코리도의 모든 교통량을 처리하기 위하여 PSU와 인터페이스할 것이다. VAS의 효익에는 음성 통신을 최소화하면서, 운항과 버티포트의 운영 효율성을 향상시킨다는 측면도 포함된다.

버티포트 특성(characteristics)

항공기 기단 운영자는 목적지 버티포트를 선정하거나, 항로상에 대체 착륙지(CSFL: Continued Safe Flight and Landing)를 선정할 때, 어떤 버티포트가 자신이 운영하는 항공기의 특정 요건을 만족할 수 있는지 알아야 할 필요가 있다. 예를 들면, 기반시설의 크기나 강도, 충전 용량과 형태, 항행안전시설, 공역제한과 장애요인 등을 알아야 할 필요가 있을 것이다. 네트워크 내의 버티포트들의 능력과 용량은 VAS를 통하여 버티포트 운영자들에 의하여 제공되고 업데이트되어야 할 것이다. VAS는 또한, 스케줄 관리를 돕기 위하여, 버티포트 자원의 상태에 관한 정보를 거의 실시간으로 제공할 수 있을 것이다.

버티포트 자원관리와 스케줄시스템(RMSS: resource management & scheduling system)

버티포트 운영자는 네트워크 내의 각 버티포트별로 모든 도착, 출발 예약현황을 보여줄 수 있는 인터페이스 정보를 제공하고, 원하는 버티포트에 기단 운영자들이 자원을 예약할 수 있도록 할 것이다. 기존의 전통적 공항에서 통용되는 사용조건과 유사하게, 이 인터페이스는 개별 버티포트에 대한 모든 정보와 각 버티포트에서 운항하기 위한 요건에 대한 정보를 제공하는 디지털 이미지일 것이다. 여기에는 버티포트 메타데이터, 가용한 특성, 지상지원장비의 형태, 스탠드의 크기와 가용성, 직원 가용성 등이 포함될 것이다.

예약시스템은 FATO와 항공기 스탠드 사용에 대한 설명과, 승객을 위한 버티포트 터미널 예약, 충전시설과 용량, 지상 지원 장비 등을 설명해줄 것이며, 랜드사이드와 에어사이드에 버티포트 직원을 배정해줄 것이다. RMSS는 또한, 사용하려는 VOA(Vertiport Operating Area)의 항공기 점유를 확인해줄 것이다.

버티포트 RMSS는 모든 자원을 실시간 모니터하고, 필요한 경우 스케줄을 조정할 것이다. 특히, RMSS는 VAS(Vertiport Automation System)의 SA(Situational Awareness)에 의해 탐지되거나, 기타 항공기 운영자들, ATC 또는, 동일 지역에 있는 버티포트 운영자들이 보고하는 비정상 상황에 기인한 지연이나 위험을 완화시키기 위해서 자원을 동적으로 배분하거나, 변화시킬 수 있다. 동적인 자원배분 변화는 스케줄 변경을 유발할 수 있고, 이것은 버티포트 네트워크를 통하여, 운영 당일에 전파될 것이다.

버티포트에 가용한 공간이 있지만, 항공기 회항에 필요한 자원이 즉각적으로 가용하지 않은 상황이 있을 수 있다. 이러한 상황은 예약 시스템을 설계할 때 고려해야 할 것이다. RMSS 시스템은 또한, 비정상 사건, 기상이나 공역 지연, 기타 영향 등을 고려해야 할 것이다.

버티포트 예약(reservations)

eVTOL 항공기 기단 운영자는 가능하면 빠르게 버티포트의 RMSS를 통해서, 원하는 목적지 버티포트에 예약을 할 것이고, 예약 상황을 확인할 것이다. 확인이 되는 즉시, 버티포트의 RMSS는 항공기 운항에 필요한 자원을 특정 eVTOL 비행편에 배분하고, 시스템은 자원 가용성을 업데이트할 것이다. 버티포트의 RMSS와 기단 운영자는 비행이 개시되는 시간까지, 수동적으로 예약을 업데이트할 것이다. 기단 운영자에 의한 업데이트는 승객 신분, 체중, 예상되는 휴대품, 특정 숙소나 교통수단 필요성 등 승객 정보의 상세한 명세를 포함할 것이다. 이러한 정보는 버티포트 운영자가 보안 목적, 항공기 탑재 목적 및 기타 자원배분(예: 휠페어 필요성) 목적 등으로 필요할 것이다. 운항 당일에, 버티포트 RMSS는 운영자에게 예약 자원 및 승객 도착과 관련한 실시간 상황을 제공할 것이다.

VAS의 일환으로, 출발지와 도착지 버티포트의 RMSS는 업데이트된 가용성에 근거하여 에어사이드 자원을 재배치할 것이다. 이러한 자원들은 기상예보 업데이트, 실시간 운영 데이터, 시스템적 지연 등을 포함하는 정보에 근거하여 가용성이 지속적으로 모니터된다.

5 에어사이드 운영(airside vertiport operations)

VAS는 다음과 같은 모든 에어사이드 turnaround를 현시하고, 확인하고, 조치할 수 있는 데스크톱이나 모바일 시스템을 제공한다:

- turnaround 업무 조정과 지상요원 배정
- 업무 현황의 추적과 업데이트
- 항공기 상태 그래픽 시각화(예, 착륙, 택싱, turnaround 개시 등)

VAS는 또한, 다음과 같은 항공기 상태 정보를 현시해주는 API를 통하여, 운영자의 기단운영센터(FOC: Fleet Operations Center)와 소통할 것이다:

- 정비 데이터(예: line maintenance tasks)
- 항공기 충전 상태

VAS는 관리자들과 에어사이드 운영자들이 업무 스케줄 계획을 설정하고 모니터할 수 있도록 해주고, 서비스 수준 모니터링 및 확인과 더불어, 예측하는 것도 가능하게 해준다.

에어사이드 운영에 대한 역할과 책임은 버티포트 운영기관의 직원과 eVTOL 항공기 운영자에게 배분되기도 하고, 공동 부여되기도 한다. 그러므로 VAS 시스템은 일관된 업무관리 근거를 형성하기 위해 FOC(Flight Operation Center)와 통합할 것이다. VAS 시스템은 중앙 집중화된 운영센터에서 버티포트 네트워크를 원격에서 배정, 관리, 모니터할 수 있게 해줄 것이다.

6 버티포트 시설 및 행정업무 관리

(1) 센서 관리(sensor management)

버티포트는 버티포트 자체와 주변 환경을 안전한 상태로 보전하고, 운영 효율성을 점검하며, 환경영향(소음, 공기오염 등)을 측정하고 감축시키기 위한 목적으로 다양한 센서를 갖추고 있다. 센서가 획득한 정보는 eVTOL 운영자와 버티포트 파트너가 VAS를 통하여 공유할 것이다. 버티포트는 또한, 국지적인 기상 데이터를 획득하여, 기단운영센터(FOC)가 활용할 수 있는 플랫폼에 시각적으로 현시시킬 것이다. 버티포트는 또한, 제3자가 기상 센서를 설치하여 추가적인 데이터를 FOC에 직접 제공할 수 있도록 허용할 수도 있다.

버티포트는 에어사이드 전 지역과 VOA 내의 공역을 모니터할 수 있는 일련의 위험요소(hazard) 탐지 센서를 보유할 것이다. 이 센서들은 VAS가 VOA, FATO, 유도로나 스탠드에 존재할 수 있는, FOD, 결빙, 조류, 여타 항공기, 지상 이동체 등과 같은 위험요인을 자동으로 탐지하여, 버티포트와 eVTOL 운영자들에게 통보해줄 수 있게 한다.

버티포트는 또한, 자율운항 항공기가 위치 선정과, 항법 및 착륙을 정확하게 하도록 도와주는 착륙용 항법지원 시설을 에어사이드에 보유하고 있다. 항공기는 VOA에 들어오는 순간부터 지표면에 하강할 때까지 이 지원 시설을 이용한다. 버티포트는 또한, 소음 특성과 기타 버티포트에서 발생하는 환경요인을 측정하고 기록하는 장비도 갖추고 있는데, 이는 지역사회 환경 영향 문제에 대응하고 완화시키기 위한 것이다.

(2) 상황인식 플랫폼(situational awareness flatform)

VAS의 주요 목적 중 하나는 VOA 내의 SA 정보를 통합하여 FOC가 활용하도록 하는 것이다. SA 플랫폼은 버티포트의 위험요인 탐지 센서를 포함한, 복수의 지역 데이터와 제3자 데이터를 입수하고 결합하여, 버티포트 주변 환경과 공역을 유일한 실시간 형상으로 생성하는 것이다. SA 플랫폼에 현시된 공역정보는 항공기 원격측정자료, 공역상황(표면과 공중 항로, 항공기 및 항공기 위치 적확성) 및 기상정보 등을 혼합한 데이터이다. SA 플랫폼은 ANSP나 UTM과 API 통합을 형성하여 공역정보와 볼륨 흐름, NOTAM 등을 위한 양방향 통신을 형성한다.

버티포트의 에어사이드 환경을 다루는 SA는 다양한 에어사이드 카메라 입력 자료(예: FATO, TLOF, taxi route, stand 등)를 제공하고, 버티포트와 주변 공역 상황을 가시화하는 도구를 제공하며, 위험요인 탐지와 여타의 non-cooperative, non-conspicuous 항공교통을 가시화하여 보여준다. SA 플랫폼은 입력 데이터를 저장하고, 버티포트 네트워크 내의 모든 이동을 기록할 수 있는 기능을 갖고 있다. 이렇게 저장 및 기록된 데이터들은 정밀조사, 훈련목적, 안전개선 목적 등으로 이용될 수 있다.

(3) 재무적 운영(financial operation)

VAS는 청구서 및 계산서 발급, 지불관리 등 재무적 운영 모듈을 포함한다. 자원 사용 예약 절차로서, 버티포트 운영자는 항공기 운영자들에게 각 예약에 대한 청구서를 발송한다. 재무적 운영 모듈은 예약 북킹 지불과 eVTOL 충전이나 주기 등과 같은 관련 지불들을 관리하기 위한 API 접속을 제공하며, 정산 목적의 특정 계정 설명서도 운영자에게 제공할 수 있다. 지상 예약과 지불 데이터는 중앙 VAS에 입력되어, 피크 예약 시간과 연관된 버티포트 네트워크 비용을 분석하는 데이터 모델을 형성할 수 있다.

(4) 장비 감시(equipment monitoring)

버티포트 네트워크 전반의 효율성, 안전성, 운영 연속성 등을 확보하기 위하여, 하드웨어, 원격센서, 소프트웨어 등의 결함을 신속히 파악하여, 백업 시스템이나 연속적 운영을 위한 절차나 도구를 준비하는 것은 기본적으로 중요하다. VAS는 튼튼한 모니터링 대쉬보드(dashboard)를 개별 버티포트나 버티포트 네트워크에 제공하여 자동화된 시스템이 건전하게 운영되도록 모니터해야 한다. 어떠한 결함이 발견되든, 사전에 설정된 우발 관리 계획에 의해 해결되고, RMSS에 입력되어 자원 가용성이 더불어 업데이트되도록 하며, RMSS는 관련 무인기 운영자에게 통지한다.

7 여객관리(passenger management)

VAS는 항공기 운영자나 제3의 여객관리 시스템과 협조하여 여객의 여정을 관리하고 모니터할 것이다. VAS 여객 관리 기능은 다음 사항을 포함한다;

- 등록과 발권(enrollment and ticketing)

승객은 우선 기단 운영자나 대행자를 통하여 티켓 예약을 할 것이다. 예약 시스템은 버티포트와 여객 체크인 시스템 등과 공유해야 하는 승객에 관한 중요한 정보를 수집한다. 승객정보는 승객 신분 및 생체적 정보(체중, 키, 안면 사진 등)를 포함하고 특별한 상황에는 추가 정보가 필요할 수도 있고, 항공기 운영자나 여객 데이터 수집 시스템은 출발 전 승객 매니페스트의 일부로서 이 데이터를 버티포트 운영자와 공유한다. 승객 매니페스트는 버티포트 체크인 절차 진행 중, 승객의 신분을 확인하는 정보를 포함하고, weight-and-balance 산출을 지원한다.

- 체크인(check in)

버티포트는 자동화되고 매끄럽게 수행되는 체크인 절차를 통하여 인가된 인원과 승객의 신분을 확인하고 버티포트 터미널 접근을 허용한다. 체크인 시스템은 사전에 제공받은 승객과 수하물 정보를 확인한 후 항공기 운영자와 소통한다. 버티포트는 시설 용량의 제한성 때문에 인가받은 직원과 승객만 출입이 허용된다.

- 승객과 의사소통(passenger communication)

승객이 버티포트에 도착하기 전이나 도착한 후 탑승 절차나 보안 절차를 이행하는 동안 승객과의 의사소통은 주로 모바일 폰을 통해 이루어진다. 승객과 적절하고, 정확하고, 간명한 소통을 위해서는, VAS와 항공기 운영자의 시스템 간에 API 통합을 필요로 한다. 또한, 버티포트는 스피커와 신호체계 같은 추가적인 의사소통 기반시설을 확보하여 비상상황이나 디지털 의사소통에 장애가 발생한 경우를 대비해야 하며, 체크인 시설의 고장이나 오작동에 대비한 백업 절차도 필요할 것이다(예: 수동식 승객신분 확인 등). 전자적 시스템 장애는 버티포트와 항공기 운영자 간의 링크 실패나 버티포트와 통제센터의 링크실패, 또는 전자 시스템으로 응답하지 않는 승객 등에 의한 기능 실패가 포함된다.

8 사이버 보안(cybersecurity)

VAS는 산업계의 모범적 관례대로, ISO/IEC 27001 표준을 준수하면서, 정보 보안을 확보할 것이고, 프로토콜 개선에 따라, 업그레이드할 것이다. 또한, VAS는 자체적으로 다음과 같은 물리적, 전자적 보안 능력을 확보할 것이다:

- Vertiport Threat Model 개발 :
  버티포트에 대한 예기치 못한 전자적 위협을 관리하기 위한, 방어적 조치와 적절한 백업 대책 개발
- authorization and authentication 절차 개발
  접근 통제를 위한, 기능에 따른 신분 관리 중심
- Auditing 절차 수립
- 보안 사건/사고에 따른 재난극복 절차 수립

9 의사소통과 데이터 공유(communication and data sharing)

버티포트는 버티포트와 항공기 운영자 FOC 간의 직접적 의사소통 링크를 유지할 것이다. PSU가 의사소통의 중심이지만 다음과 같이 쌍방 간 직접적 링크가 필요하다: (a) FOC와 PSU, (b) 버티포트와 PSU

초기 운영 단계에는, 이러한 버티포트 커뮤니케이션 채널이 ATC 표준과 같은 질적 수준을 갖추지는 못할 것이며, 전략적 운항 계획을 소통하는 디지털 의사소통 수단으로 사용될 것이다.

버티포트 의사소통 시스템 이외에, 버티포트 표면에는 FOC가 항공기를 모니터하고 통제하기 위한 C2 무선 커버리지가 별도로 존재할 것이다. 버티포트는 항공기와 직접 소통하지 않으며, FOC를 통하여 업데이트된 상황을 제공할 것이다.

10 인적 자원(personnel)

버티포트 기반시설의 첨단화와 eVTOL 항공기의 자율 운항 기술은 보다 정교한 시스템과 신기술 도입을 필요로 한다. 이러한 기술 혁신은 효율성을 증가시키고, 업무 절차를 매끄럽게 하지만, 산업을 성공으로 이끄는 필수 요소인, 운항 안전과 시설 보안, 전반적 승객 만족도 확보 등을 위해서는 인적 자원이 핵심적인 요인이 된다. 버티포트나 eVTOL 항공기 운영사는 다양한 배경의 직원을 고용해야 하고, 성공적인 운영 네트워크 관리를 위하여 이들을 교육해야 한다. 인력은 보안확보와 기술적용, 충전장비 유지와 항공기 시스템 모니터링 등, 모든 업무에 각각 전문화되어야 한다. 어떤 경우는, 복수의 기능에 전문화되어야 할 필요도 있으며, 어떤 경우는 하나의 기능을 여러 사람이 공유해야 하는 경우도 있을 것이다.

(1) 정비와 충전 기술자(maintenance and charging technician)

버티포트나, 특정 OEM 또는 항공기 운영자에 의해 고용된 사람들 중에는 경정비, 항공기 물리적 점검, eVTOL 항공기 충전에 책임을 지는 사람들이 있을 것이다. 이러한 인원들은 특정 항공기에 관한 교육 프로그램을 수료하고, 정부 당국으로부터 해당 인증서를 획득할 것이 요구될 것이다.

(2) 항공기 조업자(aircraft handler)

버티포트나 항공기 운영자에 의해 고용되어 항공기 지상 이동이나 지상 장비 처리에 책임이 있는 사람으로서, 특정 항공기와 장비에 관한 교육을 수료하고, 에어사이드 운영과 관련한 충분한 지식을 갖춰야 한다.

(3) 승객운영 전문가(passenger operation specialists)

버티포트나 항공기 운영사에 고용되어, 승객을 최종적으로 확인하여 여객 터미널로부터 에어사이드로 이동시키고, 항공기에 탑승하도록 하며, 승객의 휴대품 탑재에도 책임이 있는 직원이다. 이 직원은 터미널 운영과 에어사이드 배치와 운영, 항공기 스케줄링에 관련한 충분한 지식을 갖고 있어야 한다. 승객 운영 전문가는 승객의 탑승과 하기를 안전하게 이행하고, 승객 브리핑을 위해, 특정 항공기 전문 교육 과정을 이수해야 한다.

(4) 터미널 대리 운영자(vertiport terminal agent)

여객 터미널 운영을 위하여 버티포트는 터미널 운영 대리인을 고용할 수 있다. 터미널 운영 대리인은 승객이 터미널에 도착한 순간부터, 승객 체크인, 보안 검색 등의 전 과정에 대한 주요 교섭자로서 역할을 수행하면서, 승객을 지원하는 업무를 수행한다.

(5) FOC 기단 관리인(FOC fleet management staff)

eVTOL 운영자가 고용한 직원으로서, 항공기 기단 관리를 지원한다. 기단 관리인은 기장(PIC: Pilot-in-command)과 상호 작용하면서, 버티포트 직원과는 스케줄을 조정하고, 승객 인계, 정비 등과 같은 업무를 위해 소통한다. 이 인원은 FOC에 위치하는데, FOC는 버티포트와 함께 있을 수도 있고 분리되어 있을 수도 있다.

(6) 기장(PIC: pilot-in-command)

기장은 eVTOL 운영자에게 고용되어, 항공기의 BVLOS 운항에 책임을 지는데, 출발 버티포트에서 항공기 문이 닫히는 순간부터, 이륙, 순항 후 목적지 버티포트에 착륙하여 항공기 문이 열리는 순간까지 항공기 통제 책임을 지는 것이다. PIC는 POTL(Pilot over the loop) 역할을 하며, 항공기를 모니터하다가 필요한 경우 원격 조종으로 항공기 통제에 간여하는 것이다. PIC는 항공기와 직접 소통하고, 버티포트 직원이나 필요한 경우 ATC와도 직접 소통하는데, FOC에 위치한다.

11 승객 스케줄링, 도착, 체크인(passenger scheduling arrival and check-in)

UAM의 성공을 위해서는 오늘날 상업 항공이 안고 있는 비효율적 문제점들을 해결해야 한다. 즉, 고객들은 UAM의 효용성을 시간 절약, 이용의 편리성, 기존 교통 수단과의 통합성 등을 기준으로 평가할 것이며, 지역사회에 미치는 영향, 시스템의 보안성 및 전반적 안전성도 고려할 것이고, 승객의 여정은 비행 예약, 비행 실시, 버티포트 이탈 등으로 구성될 것이다.

(1) 예약(flight reservation)

여객들은 대개 컴퓨터 시스템이나 온라인 앱에 의해 항공권을 예약할 것이다. 예약 과정은 직접 항공기 운영자를 통하거나, 제3자 모빌리티 플랫폼 또는 모객 대행자 아니면, 통합적 여정에 결합되어(예: 항공사 티켓에 패키지로 결합) 진행될 것이다.

예약 시스템은 체중, 승객 선호, 숙소 등과 같은 정보와 더불어 승객 신원확인을 위한 기본적 개인정보를 수집한다. 승객은 금지물품, 수하물 크기와 중량 제한, 결항 또는 지연 항공편 정보, 버티포트 도착 지침, 대기 시간 절약과 안전 개선을 위한 생체정보 및 개인정보 이용 방법 등에 대한, 공지 형태의 정보를 받을 것이다. 그 밖에 장애인 수용시설, 주차장 및 커브사이드 제한 또는 환승에 대한 안내도 포함될 수 있다.

(2) 승객의 버티포트 도착(arrival at vertiport)

버티포트는 교통 수단 간 통합을 원활하게 할 수 있도록 위치가 선정되지만, 승객이 버티포트에 도착하는 방법은 다양하다. 어떤 버티포트는 주자장이 제한적이거나 없을 수도 있고, 커브 접근도 제한될 수 있다. 버티포트에 도착하면, 모든 일반인들이 버티포트의 시설과 eVTOL 항공기에 접근할 수 있도록 필요한 설비와 서비스(예: 휠체어, 에스코트 등)가 준비될 것이다. 버티포트가 지붕이나 기타 솟아오른 플랫폼에 설치된 경우는 엘리베이터나 기타 추가적 접근 수단이 필요할 수 있다. 버티포트 운영자는 지역 정부나 관련 기관과 협조하여 버티포트 입구의 위치를 지시하는 명확한 안내판을 확보할 필요가 있다. 승객들은 출발 예정 시간 15분 이전에 도착하지는 않을 것이다.

(3) 체크인(check-in)

승객의 체크인은 키오스크에 전자 탑승권을 제시하는 형태의 비접촉 절차로 진행될 것이다. 키오스크는 탑승권의 신원 정보를 사전 등록된 정보와 대조할 것이며, 승객에게 금지 물품을 상기시키고, 여정을 업데이트하며, 게이트 정보를 제공해줄 것이다. 승객 확인 후, 승객과 휴대품은 자연스럽게 보안 검색이 이루어지고 중량 점검이 수행될 것이다. 이러한 활동들은 체크인과 보안 검색을 진행하는 버티포트 터미널 에이전트에 의해 감시된다. 승객은 버티포트의 안전구역으로 진행하여 배당된 게이트나 터미널 대기 지역으로 이동할 것이다.

(4) 승객 탑승 전 절차(passenger pre-boarding)

많은 버티포트들은 상대적으로 적은 수의 승객 게이트를 갖는 하나의 터미널로 구성될 것이다. 터미널 시설은 대기지역, 화장실, Wi-Fi, 전자제품 충전포트 등이 구비된 콤팩트한 시설이다. 체크인이 끝나면, 승객에게는 게이트 번호나 보딩 지침 등이 제공되고, 게이트 부근 대기 지역에서 기다리다가 탑승할 것이다. 승객들은 개인 휴대폰이나 버티포트의 공지 시스템에 의해 보딩 개시를 통보받을 것이다.

(5) 승객 탑승(passenger boarding)

대부분의 eVTOL 항공기는 버티포트 표면에서 항공기 객실에 접근하는데, ADA-수용 계단이나 램프를 이용할 것이다. 승객 조업 전문가는 보딩 장비를 적절하게 설치하여 보딩이 시작되도록 할 것이며, 항공기 도어를 열고 수하물 칸도 탑재 준비를 할 것이다. 일단, 항공기가 탑승 준비를 완료하면, 승객 조업 전문가는 승객들에게 인사를 하고, 신원을 확인한 후 승객들을 터미널로부터 버티포트로 에스코트한다. 이후에 승객들은 eVTOL 항공기까지 안내되고, 다른 항공기와, 지상요원, 충전케이블, 지상 지원 장비 등으로부터 적절한 거리를 유지하면서 지상 이동을 할 것이다. 보행로는 항공여객과 지상 위험물 사이의 안전거리 확보를 위해 분리되고 조명이 제공될 것이다.

eVTOL 항공기는 신속한 보딩을 위해 양쪽에서 동시 탑승/탑재가 가능하도록 설계될 것이다. 물론, 보딩은 한쪽 방향에서만 진행될 수도 있다. 승객 조업 전문가는 승객을 설치된 보딩 장비로 안내하고, 객실의 지정된 좌석에 착석하도록 돕는다. 좌석은 무게중심 유지 문제나 승객 필요에 의해 지정될 수도 있다. 승객 조업 전문가는 무게중심 유지 문제를 고려하면서 수하물도 탑재할 것이며, 승객의 착석, 안전절차, 승객욕구 만족 등을 확인하여 출발준비를 완료한다. 이 단계에는 또한, 승객 출입문과 화물 도어가 잘 잠겼는지 확인한 후, 버티포트에 알리면, 버티포트는 항공기가 출발 준비완료 상태임을 FOC에 전달한다. 이 절차의 적절한 단계에 승객에게 안전 브리핑을 수행해야 하는데, 대개 도어가 잠긴 후 자동 녹음으로 수행한다.

(6) 항공기 비행 전 점검(aircraft pre-flight check)

항공기의 택싱 이전이나 택싱 절차에 항공기와 FOC는 시스템 체크 절차를 작동시키며, 이 동안에 정비 기술자나 항공기 조업자는 요구되는 수작업 비행 전 점검을 스탠드에서 완료한다. 수작업 점검결과는 버티포트와 FOC에 보고된다.

(7) 택시 루트 출발(aircraft taxi-route departure, TOWS/TUGS)

버티포트의 위치나 현재의 택시절차에 무관하게 본 문건은 에너지 절약을 위하여, 지상 장비에 의한 택시를 가정하며, hover taxi 절차는 적용하지 않는다. hover taxi가 제거되면, 공간 소요가 줄고, 동시 운항의 기회가 늘어나며, 안전 확보를 위한 추가적인 운영 프로토콜이 완화될 수 있다. 따라서, 자율 운항 eVTOL 항공기는 지상 이동을 위해서 tow/tug를 필요로 하게 될 것이다. 버티포트는 운영 초기에 eVTOL 기종에 무관하게 항공기를 스탠드로부터 TLOF(반대 방향도 적용)로 이동할 수 있는 해법을 제공할 것이다. 버티포트의 범용 tow/tug 솔루션이 적용되지 않는 항공기에 대해서는 버티포트가 항공기 OEM과 협조하

듣지, 기타 해법을 제공할 것이다. 버티포트가 서로 다른 기종을 수용할 수 있는 복수의 tow/tug 장비를 제공하는 것이 필요할 수도 있다. 랜딩 기어의 형태에 따른, 지상 지원 장비 믹스가 필요할 것이다.

초기에는 인간이 tug를 부착/탈착하겠지만, 자율화가 심화되면, tug가 자동적으로 부착/탈착될 것으로 기대한다.

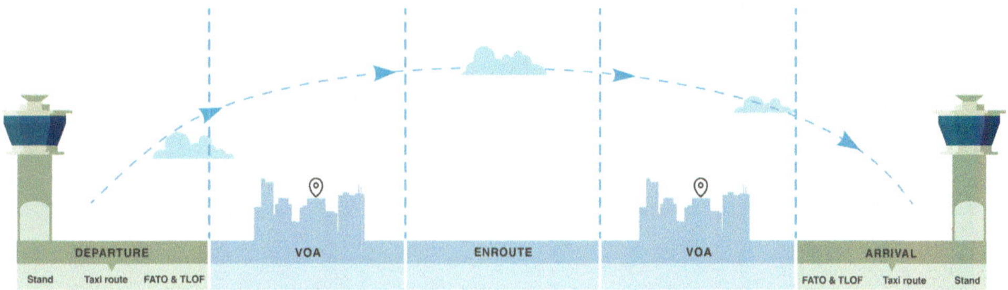

(8) 버티포트 출발

출발하는 항공기의 FATO 운항은 tug가 부착된 항공기가 버티포트로부터 go-ahead를 수신하고 안전지역으로 들어가서 항공기가 TDP[23](takeoff decision point)에 도착하는 시점까지가 된다. 버티포트가 항공기와 tug가 TLOF에 있는 것을 확인하면, FOC는 버티포트에 all-clear를 선언하고, 항공기 조업자가 항공기에 접근하여 tug를 탈착한다.

일단, tug와 모든 인원이 FATO에서 사라지면, 항공기는 모든 필요한 비행 전 점검을 종결할 것이다(예: 시스템 calibration). 이 점검이 성공적으로 끝나면, 항공기는 이륙 준비가 된 것이다.

항공기, FATO, VOA, 기상 상태 등은 중복적으로 모니터되는데, 이는 버티포트와 항공기 내의 SA 결손이 발생하지 않도록 하는 해법이다. 항공기, 버티포트, FOC는 SA를 유지해야 할 책임이 있다. 이 세 기관 중 하나가 항공기와 승

23) TDP는 헬리콥터 운항에서 차용한 개념인데, eVTOL을 위한 개념으로 발전시킬 필요가 있음

객의 안전에 영향을 주는 항공기, 공역, 지상, 기상의 상태 변화를 인지하고 수용하면, 이 기관은 다른 기관과 정보를 소통해야 할 책임이 있는 것이다. PIC와 항공기는 필요한 경우, 이륙절차 중단(abort)을 결정해야 하는데 후속 조치는 비정상 비상사태 부분에서 다루게 될 것이다.

(9) VOA-Departure

NASA의 고밀도 자동화 버티포트 운영개념과 상통하게, 이 문건에서도 VOA는 개별 버티포트나 인근 버티포트들로 둘러싸여 있고, 운항 활동은 버티포트 및 ATC와 협조해야 하는 상황을 가정한다. VPV(Vertiport Protective Volume)는 개별 버티포트로 둘러싸인 가장 내적인 보호구역으로 이 구역 내에서는 해당 버티포트의 관리를 받고 항공기운영자는 버티포트와 협력해야 한다. VOA는 일정한 반경으로 설정되지만(예: 반경 6km), 모양과 크기는 버티포트의 위치나 환경에 따라 다를 수 있다.

VOA에 있는 모든 교통량을 모니터하고, 주변의 모든 공역 사용자에 대한 SA를 유지하도록 하며, 모든 장애물의 존재를 식별하고 추적하며, VPV 내의 모든 교통량을 관리하는 것은 버티포트의 책임이다. 버티포트를 둘러싼 공역에 복수의 항공기 운영자가 존재한다면, VOA를 출발했거나 목적지로 하는 모든 교통량에 대한 교통관리는 버티포트에 의해서 수행된다. 버티포트는 또한, 비협조적인 항공기의 존재에 대해서, 버티포트 관리 항공기 FOC에 알려야 한다. 추후에는 이러한 기능들이 PSU에 의해서 관리될 것으로 기대한다.

버티포트와 협조적인 항공기 운영자들은 가능한 한, clean VOA를 항시 유지한다. 이착륙 승인을 받은 항공기만이 VOA를 점유하고, 모든 여타의 항공기들은 VOA 밖의 holding stack에 남아 있는다. VOA에서의 비행은 직선적이고 최소화해야 한다. 비스케줄 항공기나 비협조적 항공기의 존재를 감안하여, 버티포트는 불확실성을 흡수할 수 있는 분리 서비스를 VOA 비행계획에서 제공해야 한다. 버티포트는 이러한 정보를 RMSS를 통하여 항공기 운영자의 FOC에 실시간 데이터로 제공해야 한다. 항공기가 VOA를 떠나면, 출발 버티포트와의 협조는 끝난다.

(10) 비행 진행(in flight)

비행 중 구간은 TDP(Takeoff Decision Point)에서 시작하여 LDP(Landing Decision Point)에서 끝난다. 비행 중 구간의 운항은 운영자에 의해서 전적으로 수행되며, FOC의 통제를 받는다. 공역 사정에 따라, FOC는 ATC와 협조하기도 한다. 항공기가 목적지 버티포트를 향하는 항로상에 있을 때, FOC는 목적지 버티포트 RMSS와 협조하여, clear FATO와 착륙 및 회항을 위한 자원을 확보하도록 한다. 이때 항공기 운영자는 초기에 예약하지 못한 추가적인 자원이나 수용조건을 요구할 수도 있다. 만일, 버티포트 자원 가용성이 진행 중인 비행계획에 영향을 미칠 것으로 예상하면, FOC와 버티포트는 PIC에게 변화 사항을 알려야 한다. 기단 운영자와 PIC는 비행 전 기간에 걸쳐 항공기 SA를 유지하여, 진행 중인 비행계획이나 미래의 계획된 운항에 변화를 꾀할 수도 있다.

FOC는 항공기 승객과 의사소통을 위한 공개적 채널을 유지하고 승객의 복지와 활동을 모니터한다.

(11) 버티포트에 접근(aircraft approach into vertiport)

버티포트는 착륙 승인을 담보하는 표면을 제공해야 할 것이고, 공역 규정에 저촉되지 않는 한, 항공기의 VOA clearance를 제공해야 할 책임이 있다. 착륙 승인이 버티포트로부터 FOC에 소통되면, 항공기는 LDP로 진행하여, 착륙 절차 개시를 버티포트에 알린다.

접근 비행로는 사전 설정되고, 지역 항공 당국에 의하여 승인을 받았어야 한다. 접근 비행로는 장애물 회피, 바람 패턴, 지역사회 환경 영향 최소화를 고려하여 설계되었을 것이다. 접근 비행로는 또한, 전략적 시간 흐름에 따라 설정되고, 운항적, 환경적 변화에 따라 변화할 수 있을 것이다. LDP는 VOA 경계선과 항공기의 수직 비행 전환 지점 사이에 위치한다.

VOA AIRSPACE STATUS MONITORING

VOA 공역의 상태는 중복적인 방법의 결합으로 모니터될 것이다. 버티포트는 close-range 공역 모니터링 보고서를 생성하며, 자율적인 eVTOL 항공기 역시, DAA(Detection-and-avoid) 장비를 탑재하여, 예기치 못한 장애물을 회피할 수 있도록 할 것이다. 항공기는 비우호적인 교통량의 존재를 발송하고, 비행로 변경사항을 항공기 운영자 FOC에 알리면, FOC는 이 정보를 버티포트와 ATC에 전파한다. 통제공역 내에는, 버티포트 및 모든 항공기와 ATC 간에 활성화된 협조가 진행된다.

FATO STATUS MONITORING

우선적으로 버티포트는 FATO 상태를, 표면에 설치된 계기로 가시적으로 모니터하고 기록할 것이다. 추가하여, 버티포트는 FATO와 TLOF의 비디오 입력을 FOC에 보내면, PIC가 모니터할 것이다. 끝으로, 항공기는 착륙위험요인 회피(LHA: Landing Hazard Avoidance) 시스템을 장착하여, FATO 상태를 모니터하고, 예기치 못한 장애를 탐지할 수 있다. 이 정보는 실시간으로 항공기로부터, 항공기 운영자의 FOC로 전달된다. 상기와 같은 세 가지 입력이 항공기의 착륙 결정 정보가 된다. 추가적으로, 버티포트와 운영자는 시각적, 청각적, 디지털적 abort 신호를 개발하여 FOC와 항공기에 발송한다. 이와 같은 중복적인 대응책은 버티포트 운영의 안전성을 증진하고, 착륙 사고 완화에 기여할 것이다.

WEATHER AND ENVIRONMENTAL STATUS MONITORING

버티포트와 항공기가 실시간 기상과 환경 정보에 접근할 수 있도록, 버티포트는 국지 센서에 의해서 실시간으로 국지 기상과 터뷸런스 정보를 제공하도록 한다. 버티포트와 FOC는 SDSP 기상 모니터링 데이터도 입력받고, 항공기도 탑재 장비에 의해 실시간 조건을 모니터링한다.

NAVIGATION

항공기의 항법은 GPS와 기타 항법 해법을 포함하는 복수의 출처에 의한다. 초기에는 ILS 카테고리 3, 또는 동일한 수준의 해법이 승인되어, 완전 자동 착륙 능력의 절차가 가능할 것이다.

FINAL DESCENT

FOC가 버티포트와 지역 항공당국으로부터 공역과 지상의 clearance를 통보받고 FATO 예약이 최종 확인되면, 항공기는 최종 착륙 전환 절차를 수행하고 TLOF로 하강할 것이다. 이 시점에 항공기, 버티포트, FOC는 항공기, 승객, 공역, 지상, 환경 등에 변화가 발생해 항공기와 승객의 안전에 영향을 줄 수 있는 상황이 탐지되고 보고되지 않는 한, 항공기가 TLOF로 접근하여 사전에 설정된 방법으로 착륙할 것으로 가정한다.

FATO-ARRIVAL

항공기가 LDP로부터 수직 비행으로의 전환을 통하여, TLOF를 터치 다운한 후 항공기가 TLOF 밖으로 전환하여, 안전지대에 도착하는 것을 도착 절차로 본다. 착륙 후 항공기는 지상 이동을 위한 안전 점검을 하고 로터를 정지할 것이다. 항공기 지상 조업 직원은 항공기가 착륙했고, 로터가 정지되었으며, 비정상 상황은 없는지를 버티포트에 확인할 것이다. 추가적으로, 중요하지 않은 시스템 점검은 택시 중이나 스탠드에서 FATO 점유 시간을 최소화하는 방법으로 진행될 것이다. 항공기의 지상 이동 주요 점검에 뒤이어, 항공기 운영자는 버티포트에 all-clear를 선언하고 항공기 지상조업 직원은 항공기에 접근하여 지상 이동장비를 부착할 것이다. 버티포트는 택시 루트를 확인하고, 지상조업 직원에게 언제 택시가 가능한지를 알려줄 것이다. 지상조업 직원은 택시 지원 시스템과 같은 다양한 시스템을 활용할 수 있다.

(12) 항공기 택시 루트 도착(aircraft taxi-route, arrival)

도착 항공기의 지상 택시 루트는 항공기가 FATO에서 전환하여 eVTOL 항공기의 최종 계류 장소(스탠드)에 도착하거나 정비나 스토리지 행가와 같은 대체 계류 장소에 도착할 때까지이다. 모든 택시 이동은 지상 이동으로 이루어지고 hover taxi 의무화나 절차는 없다.

배정된 eVTOL 항공기 스탠드와 택시루트가 clear하다는 것이 버티포트 내부적으로 확인되면, 버티포트는 항공기 지상조업 직원과 FOC에게 택시 이동을 시작할 수 있음을 알린다. 만일, 배정된 스탠드나 택시루트가 불가용하면, 항공기 지상조업 직원에게 대기하든지 대체 루트나 스탠드를 이용하라고 지시하고 FOC에 변동 사항을 알린다. 항공기가 tug에 연결되면 FATO 이탈 택시가 시작되는 것이다.

택시하는 동안, 항공기는 항공기 운영자의 무선 네트워크에 연결되며, FOC는 항공기의 모든 비행 시스템에 대하여, 진단적 점검을 수행한다. 이 점검은 버티포트에 설치된 무선 인프라에 의해 지원받거나 무선 네트워크에 의해 지원받는다.

택시하는 동안, FOC는 배터리 충전이나 항공기 세척, 경정비, 중정비 등과 같이 항공기 회항 시간이나 버티포트 자원 배정 또는 스케줄링에 영향을 줄 수 있는 항공기와 항공기 시스템 관련 정보를 버티포트에 알려준다.

eVTOL의 터치 다운 시점부터, 회항 절차를 통하여, TLOF로부터 다음 출발까지, 버티포트는 FOC에게 표면 이동 경보를 제공한다. 이 업무는 버티포트가 항공기, 장비, 승객, 직원 배정, clearance 등을 위해 일반적으로 제공하는 카메라 입력에 추가하여 이루어진다.

(13) 스탠드 - 도착(stand-arrival)

eVTOL 스탠드는 승객의 탑승, 하기를 위해 지정된 지역이다. 이 장소는 경정비 활동이나 충전이 수행되기도 하고 항공기가 보관되기도 한다. 가능하면,

정비활동이나 충전은 승객으로부터 물리적으로 떨어진 거리에서 이루어지는 것이 좋다.

항공기가 스탠드에서 완전히 정지하면, 항공기 지상조업 직원은 버티포트에 항공기가 계류되었음을 알리고, 버티포트는 이를 FOC에 알린다. 항공기 외부에는 버티포트 직원들이 항공기에 안전하게 접근할 수 있음을 알리는 지시 신호가 현시된다. 추가적으로, FOC는 항공기 회항 업무를 위하여 항공기에 안전하게 접근하고, 하기할 수 있는 시점을 버티포트에 알린다. 항공기 지상조업 직원은 필요하면, 항공기를 tie-down한다.

동시에, 버티포트는 항공기 정비와 충전을 위하여 적절히 훈련된 기술요원을 파견하여 충전 장비를 부착하고 FOC에 충전이 시작됨을 알린다. 충전 인프라의 무결성, 충전율, 버티포트의 전력 수용성, 항공기 배터리 시스템의 무결성 등은 항공기, FOC, 버티포트 시스템, 버티포트 직원 등에 의해 수동적, 독립적, 지속적으로 모니터된다. 이 네 개의 기관은 모두 비상시에 충전을 중지시킬 수 있는 능력을 갖고 있다. 충전이 완료되면, 정비 및 충전 기술 요원은, GSE를 항공기로부터 제거하고, GSE가 스탠드와 택시 루트 OFA(Object Free Area)를 clear하도록 한다.

항공기 객실은 항공기 지상 조업 직원이나 승객 운영 전문가가 항공기에 적절한 도구와 해법으로 청소한다. 청소 시간은 승객이 하기한 이후 5분 이내에 완료할 것을 기대한다. 또한, 항공기가 스탠드에 있는 동안, 정비 기술자나 충전 기술자는 FOC와 직접 협조하여, 필요한 점검과 경정비를 수행한다. 중정비가 필요하면, 항공기는 out-of-service 상태로 전환되고 교체된다. 만일, 버티포트가 중정비를 할 수 있는 장비, 인력, 시설 등의 능력을 갖추고 있다면, 항공기는 스탠드에 그대로 있을 수도 있지만, 대개의 경우 중정비가 가능한 교체 스탠드나 정비 창고로 이동된다. 이러한 형태의 공간과 전문적 작업 능력은 대부분의 버티포트에는 존재하지 않지만, 인근에 이러한 out-of-service 항공기를 수용할 수 있는 정비 시설과 인력이 있어야 할 것이다. 버티포트로부터 이동시켜야 할 항공기가 발생하면, 가능하면, ferrying과 repositioning 비행이 선호되지만, eVTOL 운영자는 버티포트와 협조하여 각 버티포트 위치에서 항공기 위치 변경 대안을 하나 이상 마련해 놓는 것이 좋다.

항공기가 스탠드에서 필요한 시스템 점검을 마치고, 안전하게 계류된 후에, 승객 지원 전문 직원은 승객 하기를 위해 항공기에 접근한다. 버티포트 직원은 승객 승하기 지상 장비를 항공기 도어에 장착하고 승객 하기를 돕는다. 승객 지원 직원은 승객 수하물도 적하하고 승객을 에스코트하여 다음 승객의 탑승이 시작되기 전에 버티포트를 벗어나도록 돕는다.

12 비정상 또는 비상절차(off-normal or emergency procedure)

항공기 출발 이후에 항공기나 항공기 운영자, 또는 버티포트가 승인된 비행 계획의 변경을 요청하면, 비정상과 비상 절차가 유발된다. 이러한 상황은 항공기 상태 변화, 공역의 교통량, 주변 환경, 또는 버티포트 자원의 가용성 문제 등에 기인할 수 있다. 비정상과 비상절차는 가능하면 목적지나 출발지에 항공기를 안전하게 착륙시키도록 설계된다.

이러한 절차들은 비행의 모든 단계에서 발생할 수 있다: FATO 출발 시점, TDP 직전, 비행 진행 전환 후와 항로 순항단계, TLOF 터치까지의 접근단계. 이 절차들은 출발/도착 버티포트의 대체 FATO를 이용하여 출발 FATO로 되돌리기, VOA 내에서 go-around 수행, VOA를 탈출하여 holding stack으로 돌아가기, 대체 버티포트나 대체 착륙지역으로 진행 등을 포함한다.

CONTINGENCY LANDING SITES

eVTOL 기단 운영자는 모든 스케줄 비행에 대하여, 항로 우발 착륙지를 식별할 것이다; 버티포트, 헬리포트, 공항 및 기타 준비된 착륙 사이트. 이러한 위치들은 비상 diversion, 지연 완화 diversion, CSFL(Continued safe flight and landing)

을 위한 abort 착륙 등에 이용된다. 기단 운영자는 식별된 우발 착륙지 운영자들에게 해당 착륙지들을 항로 대체 착륙지로 지정할 의도가 있음을 알린다. 이 정보는 항로 기준 또는, 항공기가 제출한 임무를 포함하는 임무 기준 등에 근거할 수 있다. 이렇게 해서, 식별된 착륙지는 기존의 운영 내에 diverted aircraft를 수용할 가능성을 고려하게 된다. Diversion을 개시하게 되면, 항공기와 FOC는 변경된 항로와 선정된 대체 버티포트에 대한 정보를 원래 계획했던 목적지 버티포트와 새로 선정한 버티포트에 모두 알려야 한다.

ABORT

abort의 경우에는, 항공기가 VOA에 있는 동안에 항공기는 사전 설정된 항로를 따라서 missed approach를 수행하고, 버티포트와 FOC, 그리고 VOA에 진입하도록 계획된 다른 교통량과 협조가 될 때까지 VOA 안에서 go-around한다. 그러면, 버티포트는 동일한 FATO 이용이나, 대체 FATO, 또는 대체 착륙지를 사용할 수 있도록 후속 지시를 발부한다. 이 조치는 고도로 자동화된 스케줄링 시스템과 버티포트 인원, FOC 인원, VOA에 진입할 잠재적인 관련 운항 인원과 활성화된 소통을 활용하여 급속하게 이루어져야 한다.

MISSED APPROACH

버티포트, 항공기, FOC는 missed approach에 대하여 소통해야 할 책임이 있다. missed approach가 발생하면, 버티포트는 해당 FATO를 문제 항공기를 위해 홀드하고, VOA 진입이 계획된 다른 항공기들은 대체 접근을 이용하든지, holding stack으로 진입하도록 한다. 문제의 항공기가 착륙하고 나면, 버티포트는 착륙 스케줄, 예정 시간, 다른 스케줄 항공기의 holding stack을 확인한다. 모든 missed approach 절차는 정부 항공당국의 승인을 거쳐 생성된다.

RESUMPTION OF FLIGHT

비상조치가 취해져서, 항공기가 안전하게 착륙하고 나면, FOC와 버티포트는 발견된 이슈들에 대해 대응해야 한다. 버티포트, 항공기, FOC는 비상 사건의 영향과 추가적으로 요구되는 비상절차 등을 이해하기 위해, 항공기 관련 이슈, 기반시설 관련 이슈, 운항과 환경관련 이슈 등을 적절히 검토해야 한다.

버티포트, FOC, VOA 내에 있었던 추가적인 교통 당사자 등이 협조하여 해당 항공기가 바로 출발할 수 있는지, 스탠드로 보내야 할지 결정한다. 이러한 신속한 협조는 고도로 자동화된 스케줄링 시스템을 이용할 것이고, 관련 당사자들의 활성화된 의사소통에 기인할 것이다. 업데이트된 비행계획이 모든 관련자의 협조 아래 제출되면, 항공기는 운항을 재개할 수 있을 것이다.

CHAPTER

3

UAM 항로

3 UAM 항로(UAM flight path)[24)]

1 서론(introduction)

FAA는 UAM ConOps(2020)에서, 공역 내에, UAM 운항에 배타적으로 이용할 수 있는 코리도를 창출할 것을 제안했다. UAM 운항이 시작되면, 코리도 내에서 UAM 항공기끼리의 분리 및 비행 중 충돌분리는 운영자들이 "비행의도(flight intent)"를 공유하고, PSU(Provider of Service to UAM)가 비행의도 간의 충돌을 점검함으로써 유지될 것으로 기대된다. 초기에 운영자들은 가용한 코리도를 사용하면서 목적지까지 최단거리의 효율적 통로(path)를 계획할 것으로 예견된다. 그러나 UAM 운항이 증가하고, 수요가 코리도 수용 능력에 근접하게 되면, FAA는 코리도 용량 증가가 필요하다고 인정하고, UAM 코리도 내의 운항 증가를 지원하기 위해, tracks와 같은 코리도 내의 추가적인 구조 창출을 제안할 것이다. 이 논문은 보안과 소음 문제 등을 해결하면서 질서있는 운항을 유지하는 데 도움이 될 수 있는 UAM 코리도 내의 track 시스템을 위한 개념적 설계 제안을 제공하고자 한다.

우선, UAM 비행로와 교통관리에 관한 문헌 검토 결과를 소개하고, 두 번째

24) Literature Review and Conceptual Design of UAM Corridor Virtual Lane System using "Tracks", Immanuel Bankole, Embry-Riddle Aeronautical University, 2023

단계에는, 고밀도 UAM 운항에서, 안전성과 효율성을 향상시킬 수 있는, UAM 코리도 내의 개념적 "tracks" 디자인 두 건을 소개한다. 마지막으로, 개념의 함의를 진척시키고 논의하며, 결론을 제시한다.

2 UAM 비행로 문헌조사(UAM flight path literature survey)

(1) Definition of "Point-to-Point"

교통분야에서, "point to point" 네트워크는 지점들을 간섭없이 직접적으로 연결하는 것으로 정의된다.(예: 항공기나 승객의 변화없이) 이 논문에서, "point to point"는 교통이나 교통로가 두 개의 정의된 지점(공항 또는 버티포트) 간에 간섭없이 발생하는 것을 의미한다. 최단 거리일 수도 있고 사전에 정의된 긴 노선일 수도 있다.

(2) 비행로 설계 고려사항(flight path design considerations)

UAM 비행로 관련 문헌 검토와 전문가들의 논의에 의하면, UAM 비행로를 위한 세 가지 접근법이 드러난다:

- eVTOL 항공기가 자유롭게 날 수 있는 열린 도시 공역. 이 접근법은 "unconfined point to point travel in urban airspace"라 할 수 있다.
- 기존 도로, freeways, 철도, 강, 하천을 따르는 루트의 비행로
- "코리도"라 불리는 특정되고 정의된 볼륨으로 제한되는 비행로 (명목적인 초기 UAM 비행은 코리도 내에서 수행될 것이다.)

① Unconfined point to point travel in urban airspace

NASA는 높은 수준의 UAM 비행활동 지역을 포괄하는 유연한 공역 지역을 "UAM Operational Environment(UOE)"로 사용할 것을 제안한다. UOE는 인근 통제

공역의 활동, 둘러싸인 대도시권의 욕구, 당해 지역의 빌딩 높이 등에 따라서 고정적일 수도 있고, 가변적일 수도 있다.

Skyroads는 항공교통을 안전하고 효율적으로 관리하기 위한 공역관리 시스템과, 분산적, 통합적, 자동화 교통수단 지침을 개발하는 독일의 회사이이다. Skyroad는 고밀도의 복잡한 UAM 공역 운영을 위해서는 단일화된 항공기 지휘 방법이 필요하다고 믿는다. Skyroad는 또한, 서구 국가들의 대도시권은 대부분 특별공역으로 보호되지 않으며, 대도시권 지역에서의 비행 제한은 대부분이 최소 안전고도에 의하므로, 이러한 공역을 eVTOL이 배타적으로 이용하기 위하여 보호하려는 제안은 현재의 사용자를 제외시키거나, 추가적인 장비를 갖추게 하거나, 추가적인 규칙을 따르도록 요구해야 하는데, 이런 것들은 정치적 반대에 이르게 할 수 있을 것이라고 주장한다. Skyroad는 현재, "aseptic" 공역(예: 단지 한 종류의 공중 운항만 허용되고, 법적/정책적 접근법에 의하여 공역의 위생 조건이 유지되도록 하는 공역)을 사용하는 해법의 적용을 개발하고 테스트하는 업무를 한다. 아래의 그림은 Skyroad의 웹사이트에서 발췌한 것인데, Skyroads는 비행로 개념으로, 버티포트를 연결하는 저고도 가상 lane 네트워크를 보여준다.

EHang은 AAV(Autonomous Aerial Vehicles) 운항을 위한 스마트 도시 시스템에 대한 사업을 추진하는 아시아의 선도적 UAM 회사이다. 만일 항공기가 교외의 공역을 자유롭게 날도록 허용한다면, 자율 UAM 시스템의 안전성을 담보하기 어려울 것이라고 주장하면서, EHang은 현재 중앙집중 시스템의 "command-and-control"

의 사용을 시험하고 있다. 이 시스템은 모든 비행체들이 등록되어야 하고, 원격 조종되어, 사전에 등록되고, 설정된 지정 버티포트 간의 point-to-point 비행을 확보한다. Point-to-point 노선은 컴퓨터 프로그램과 클러스터 관리 기법으로 설정된다. EHang 백서는 코리도 사용을 특정하지 않는다. 왜냐하면 모든 항공기와 비행은 command-and-control 센터에서 통제될 것이기 때문이다.

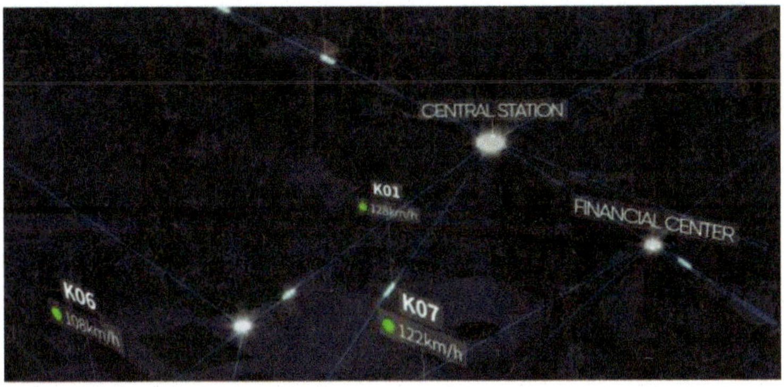

Unconfined point to point travel in urban airspace의 장단점

a. 장점
- 항공기는 배터리 사용을 최적화할 수 있는 비행로 비행 가능
- 빠르고/짧은 비행시간

b. 단점
- 일반인에게 시각적, 청각적 문제 야기
- 빌딩, 건설현장 등 도심 장애물과 높은 수준의 인터액션 유발
- 운항 증가에 따라, 조종사는 공역 내에 다방향 비행트랙에 항공기를 유지해야 하므로, 압도당할 수 있음
- 불량 항공기와 악의적 항공기를 식별하기 어려움

② 기존 도로, freeways, 철도, 강, 하천을 따르는 루트 비행로

이영재 교수(2021)는 UAM 운항이 성숙기에 도달하고, 버티포트 혼잡이 트래

픽 패턴에 영향을 주기 시작되면, 홀딩 패턴의 잠재적 필요성이 드러날 것이라고 예측한다. 사전에 설정된 크기와 상이한 공역에 적용할 수 있는 상이한 복잡성 수준에 근거한 세 개의 홀딩 패턴 디자인을 제안했다.

이 연구에서는, 소음 민감지역과 장애물 회피를 위해, 서울-경인 지역의 간선도로와 하천을 따라 설계된, VFR 비행 루트에 대하여, live 시뮬레이션과 디자인 시뮬레이션을 수행하였다. 이 사례 연구에서, 첫 번째 홀딩 패턴은 고정익 항공기(고속과 낮은 선회율)로 시뮬레이션했는데, 홀딩 패턴의 크기는 한강의 폭에 의하여 제한되었으며, 첫 번째 홀딩 패턴 개념은 한강을 따라 세 개의 다른 지점에 위치하였다.

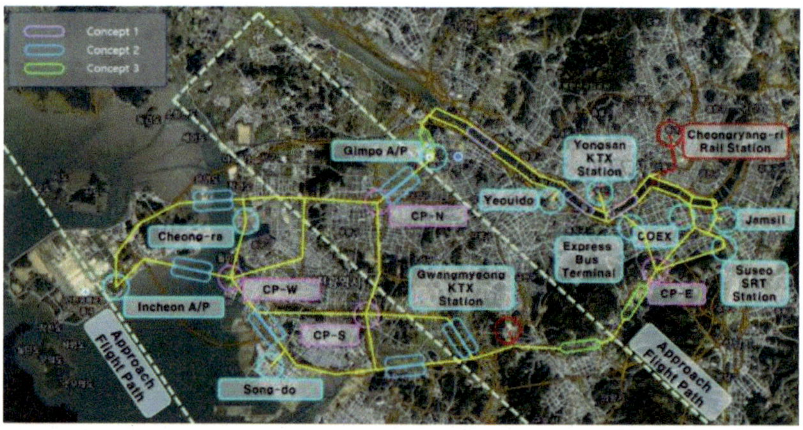

flight paths above existing freeways, rail lines and rivers/creeks 장단점

a. 장점

- 소음 민감지역 회피

b. 단점

- 도로 상공 저고도 운항은 도로 운전 집중 방해로 도로 사고에 영향
- 루트가 eVTOL 항공기 배터리 최적화에 부적절할 수 있음

③ 코리도 내 지점 간 운항(point to point travel within corridors)

FAA는 UAM 코리도 사용을 제안한다. UAM 코리도는 설정된 성능기반 공역 구조로서, 공역 접근과 운항 조건이 사전에 제시되고, 모든 공역 사용자에게 공표된, 규칙에 의하여 관리될 것이다.

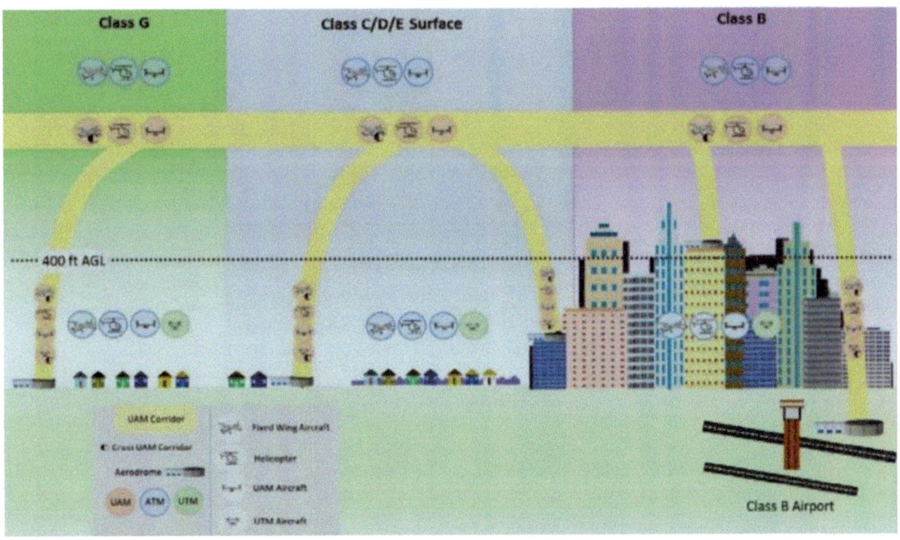

UAM 코리도는 UAM 운항과 다른 형태의 운항을 분리하는 일차적 수단으로 기여할 것이다. UAM 운항이 증가함에 따라, 추가적인 UAM 코리도가 요구될 것이고, FAA는 버티포트 간 노선을 최적화할 수 있는 코리도 네트워크의 창출을 예견하고 있다. UAM 코리도의 디자인과 개발은 산업계 관련 주체들 간의

협력적 노력에 의존할 것이지만, FAA는 UAM 코리도의 가이드 라인을 제공할 것이다. Varon Vehicles는 콜럼비아에서 UAM 이행 업무를 추진하는 미국 회사이다. Varon Vehicles는 코리도 내의 저고도 가상 레인을 통하여 버티포트를 연결하는 공역 통합 architecture 관련 업무를 수행하고 있다.

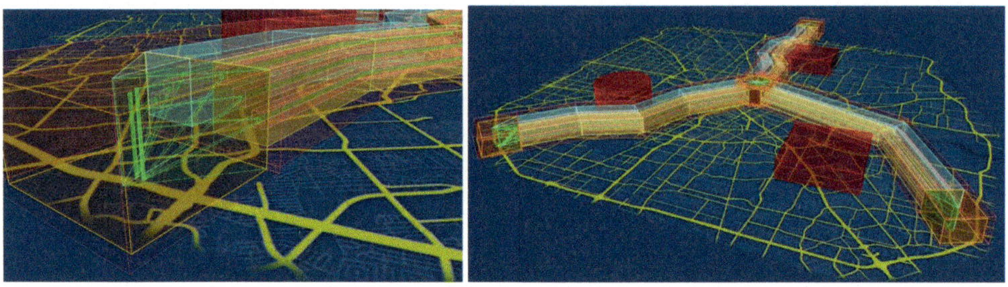

Nguyen(2020)은 DDC(Dynamic Delegated Corridors)와 4D RNP를 결합하여, 공역에 UAM 전용 섹션을 창출하고, 항공기에게 고수준의 항법 정밀도(위도, 경도, 고도, 시간, 정보 등)를 제공하자는 제안을 했다. 이것은 항공기들 간에 횡적이나 종적으로 큰 분리 버퍼를 줄여줄 수 있을 것으로 기대된다.

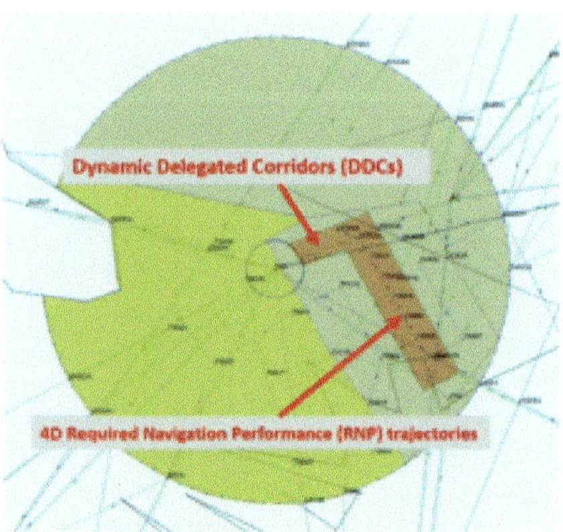

Dynamic Delegated Corridors (DDCs)
& 4D RNP Trajectory in plan view

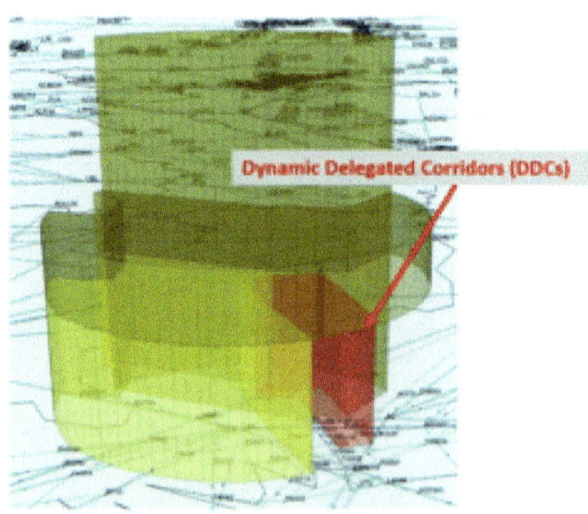

Dynamic Delegated Corridors (DDCs)
& 4D RNP Trajectory in side view

FAA는 현재, UAM과 전통적인 항공교통과의 상호작용을 방지하기 위하여, UAM 교통이 B&C 등급 공역(특히, 공항 주변에 업무용 항공기 운항이 활성화된 공역)을 드나드는 코리도를 설정하여, 제공하는 업무를 추진 중에 있다. 이러한 코리도 논의는 공항 주변처럼 전통적 항공교통과 상호작용이 많을 것으로 기대되는 지역에 집중하고 있다. 이러한 코리도의 바깥쪽(코리도 사이)에서는, 운영자나 조종사는 도시 공역 비행규칙에 따라야 할 것이다. 위의 그림에서 Nguyen은 특정 공역에서 정의된 코리도를 보여주고 있다. 코리도 사이에서의 운항은 근본적으로 "unconfined travel in urban airspace"가 되고 비행규칙은 도시 공역 규칙에 의하여 결정된다.

Wang(2021)은, 고밀도 운항 상황에서, UAM 운항계획과 항공교통 분담을 돕기 위하여, 사전에 정해진 waypoints를 통하여 출발지에서 목적지에 이르는 최적의 교통 흐름로를 보여주는 모델을 개발함으로써, 거시적 관점의 UAM 교통분담 문제를 다루었다. 이 해법은, 혼잡과 항공교통 복잡성을 최소화하는 UAM 코리도 네트워크 내에서의 교통 흐름 분배를 보여주는 모델인 "complexity-optimal air traffic assignment model"을 제안했다.

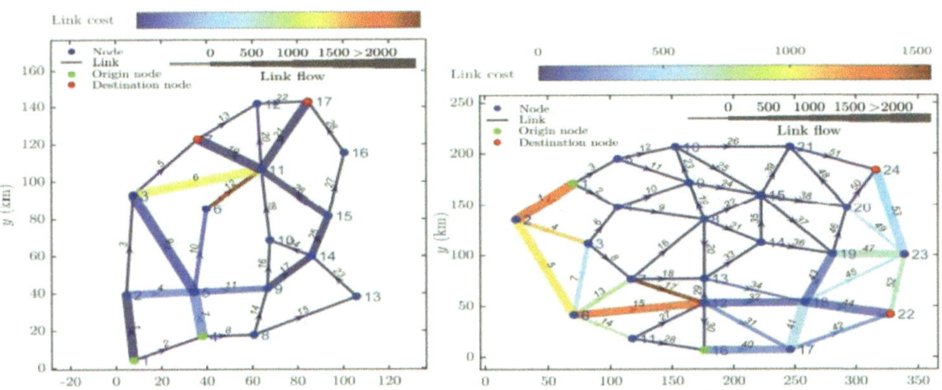

(a) transport network G_1 **(b) transport network G_2**

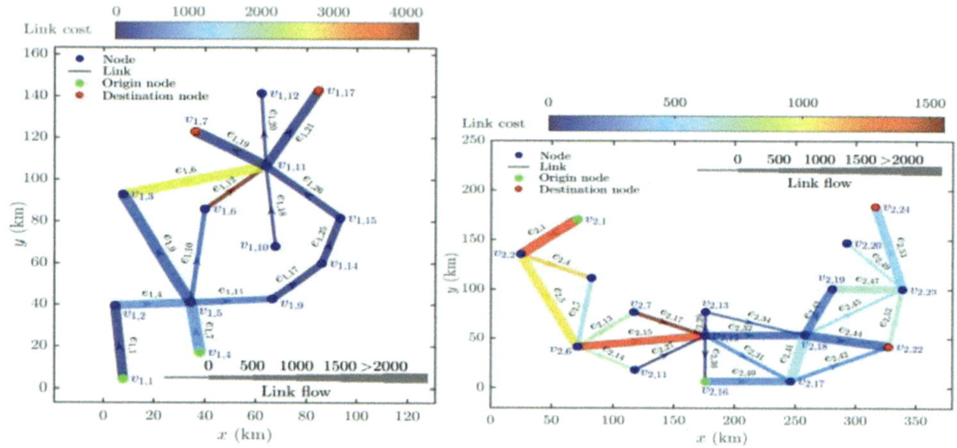

(a) transport network G_1 (b) transport network G_2

코리도 운항(travel within corridors)과 관련한 가정과 장점 및 단점은 다음과 같다:

a. 가정

- 코리도는 전통적 항공과의 상호작용 지점뿐만 아니라 전체 NAS에 코리도들이 설정되었다고 가정함

b. 장점

- 상기 가정에 근거하여, 코리도 항로 구조는, UAM 교통로를 코리도들을 사용하여 결정함으로써, 커뮤니티가 공역을 더욱 통제할 수 있음
- 대중의 UAM 수용을 개선함
- 여타 교통과 상호작용을 줄여 사고 가능성 줄임
- 코리도 내의 에어 트래픽은 불량 항공기 식별에 도움이 됨

c. 단점

- 코리도 항로는 항공기 배터리 효율성에 최적이 아닐 수 있음
- 고밀도 UAM 운항을 위해 코리도 내에 추가 구조가 필요할 수 있음

지금까지 논의한 세 가지 접근법을 정리하면 다음 표와 같다.

Flight Path Approaches	Summary
Unconfined Point to point travel in urban airspace	• The uninterrupted transit between two defined vertiport locations in urban airspace without confinement to a defined volume of the airspace (i.e. corridor) • Proposed by NASA in its Concept of Operations (ConOps) document (NASA, 2020). This appears to be the direction that Skyroads is taking. Seems like the direction Skyroads is taking
Flight paths above existing freeways, rail lines and rivers/creeks	• The creation of flight paths above/along current road highways, rail lines, rivers, and creeks
Point to point travel within corridors 1. With predefined traffic system/flight path 2. With waypoints (point of reference that can be used for location and navigation)	• The uninterrupted transit between two defined vertiport locations through corridors created in the airspace. • Proposed by the FAA in its Concept of Operations (ConOps) for UAM operations in the U.S. • Current proposition features the establishment of corridors in areas with commercial air traffic, e.g., around airports and restricted flight areas. • Anticipated implementation may include definition of corridors between multiple vertiport locations. • The use of tracks will create a traffic structure within defined corridors that could help address the auditory, visual and safety requirements of the public.

3 개념적 제안

(1) Point to point travel using tracks within corridors

UAM 운항 증가에 따라, FAA는 UAM 코리도의 내부 구조 증가의 필요성과, UAM 코리도의 복잡성 및 코리도 네트워크를 예견하고 있다. UAM 코리도에 대한, 증가된 수용량 수요에 맞추기 위하여, FAA는 UAM 코리도 내 "tracks" 사용을 제안한다(아래 그림 참조). ATC는 UAM 코리도의 가용성 설정(예: open 또는 close)과, PSU를 통하여 운영자들에게 가용성 상태 의사소통을 하는 책임을 담당할 것이다. 코리도의 크기와 교통 밀도에 따라, 코리도 내에 사전 설정된 루트나 트랙이 존재할 수 있을 것이다.

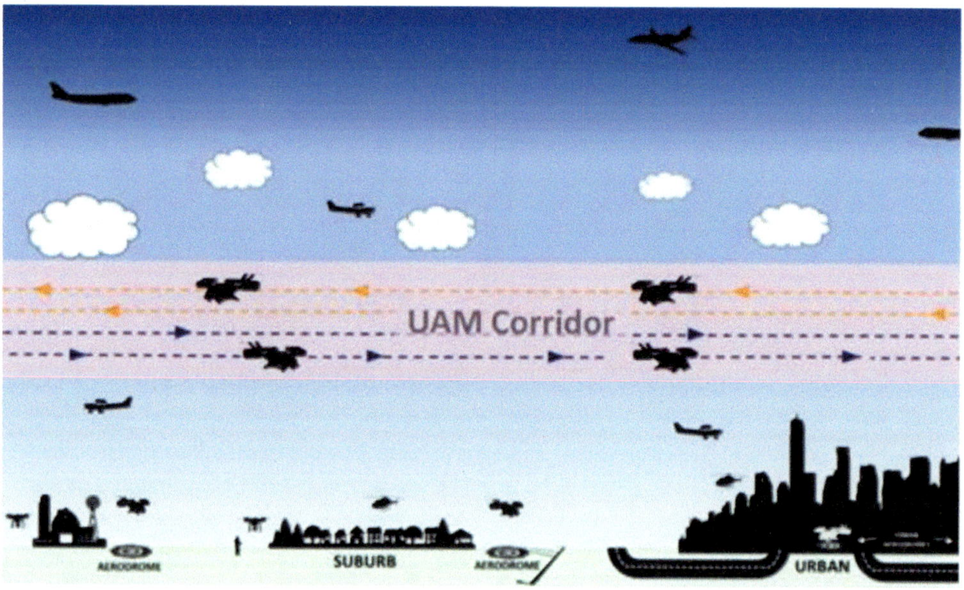

(2) Virtual Lane Concept

본 연구의 비행로 개념의 영감은 map application과 Fedex의 멤피스 sorting center에서 비롯되었다. Fedex sorting center는 질서있고, 적시에, 사전에 결정된 루트를 통하는 항공기 이동을 통제하는 교통관리 시스템으로 영감을 주었고, map application은 도시 지역의 비행로에 영감을 주었다. (아래 그림 중 하나는 map application에서 획득한 도시 지역 내비게이션을 보여주고 있으며, 다른 하나는 예견되는 개념 application이다.)

4:46
5G
150 ft
Exit 31B
North
Peachtree Ind Blvd
Exit 31B
SPEED LIMIT
65
4:55
arrival
9
min
5.0
mi

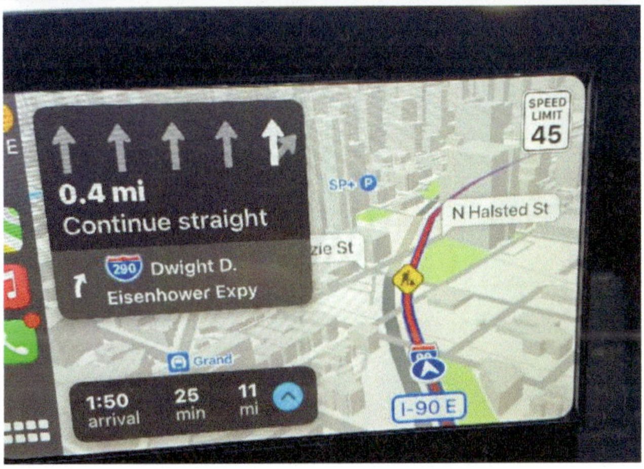
SPEED LIMIT
45
0.4 mi
Continue straight
290
Dwight D.
Eisenhower Expy
SP+
N Halsted St
Grand
1:50
arrival
25
min
11
mi
I-90 E

이 연구에서 설계한 virtual lanes는 정기운항이나 주문형 운항 서비스에 모두 적용 가능하다. 주문형 서비스는 실시간 승객 수요를 위한 것으로서, 요청받은 직후 버티포트 간에 승객 운송을 하는 것이고, 정기 운송은 사전에 계획된 비행으로 구매 가능한 좌석을 제공하는 것이다.

본 연구의 virtual lane 개념은 다음과 같은 서비스를 포함하는 정기운송과 주문형 서비스를 고려한다:

- Airport shuttle/transport :
    - Transit from suburban/residential areas to airport
    - Transit from downtown areas to airport
    - Transit from rural areas to airport
- Suburban/residential area transit to/from downtown area
- Suburban/residential area transit to/from other suburban/residential areas

본 연구의 개념적 디자인을 위해, 다음과 같이 가정한다:

- 명목적 UAM 운항
- 수평적 개념 iteration : 코리도의 너비는 양옆으로 적절한 날개 끝 안전 간격으로 분리되어 비행하는, 여섯 대의 eVTOL 항공기(윙스팬이 가장 넓은 경우)를 충분히 수용할 수 있음. 코리도의 높이는 가장 큰(높은) eVTOL을 수용할 수 있음
- Staggered 개념 iteration : 코리도의 너비는 양옆으로 적절한 날개 끝 안전 간격으로 분리되어 비행하는, 네 대의 eVTOL 항공기(윙스팬이 가장 넓은 경우)를 충분히 수용할 수 있음. 코리도의 높이는 가장 큰(높은) eVTOL 세 대를 항공기 간에 50피트의 수직적 간격으로 수용할 수 있음

아래의 그림은 두 개의 virtual lane 개념의 iterations를 보여준다:

- Iteration 1: 교통 방향을 바꾸기 위해 overhead turn loops를 사용하는 수평적 lanes/tracks. 그림의 오른쪽에 표시됨

• Iteration 2: 저속 레인은 저고도에 배치하고 고속 레인은 고고도에 배치하는 staggered virtual lane 시스템. 그림의 왼쪽에 표시됨

두 iterations 모두, 비행 중 기동이 발생하는 "activity regions"를 갖고 있고, 모든 activities는 제일 바깥쪽 레인에서 발생한다. activities는 다음과 같은 활동을 포함한다:

- Exit: 항공기가 virtual lane을 이탈하는 섹션(버티포트나 착륙지점을 향하는 경우가 대표적임)
- Join: 항공기가 virtual lane에 접속하는 섹션(exit section 이후 제일 바깥 레인에서 발생)
- Turn: 항공기가 "go-around"나 "U-turn"을 완료하거나, 운항 방향을 바꾸는 섹션. 수평적 lane iteration에서 항공기는 선회를 레인 시스템 위에서 완료하고, staggered lane iteration에서 항공기는 레인 시스템 아래에서 선회를 완료한다.

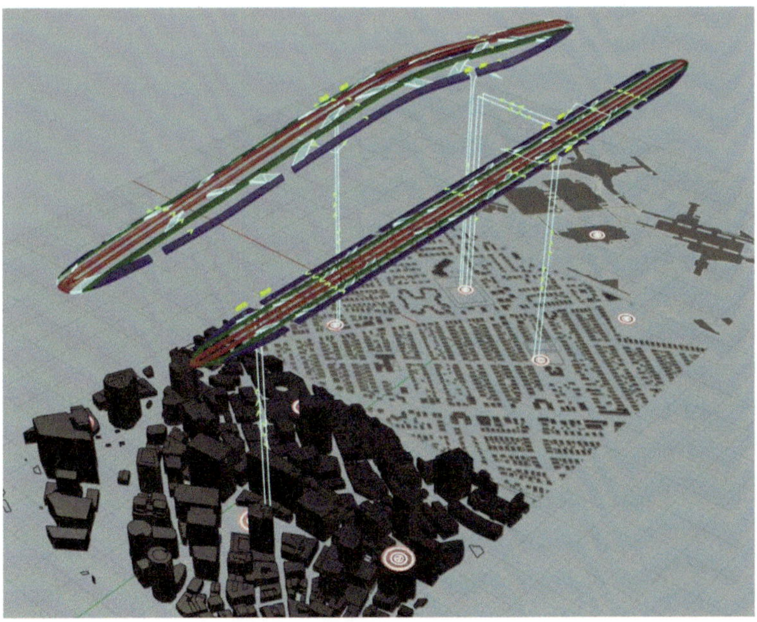

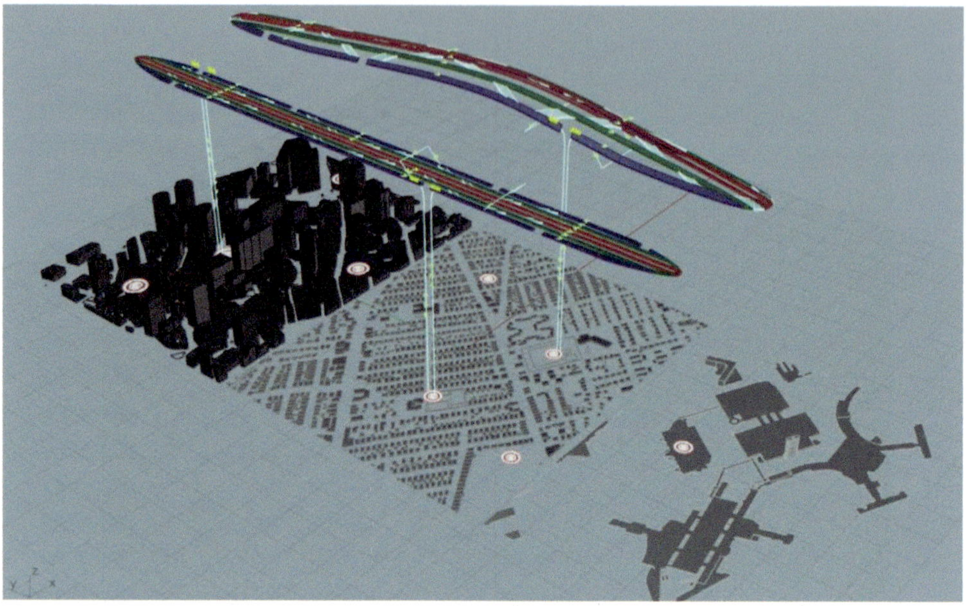

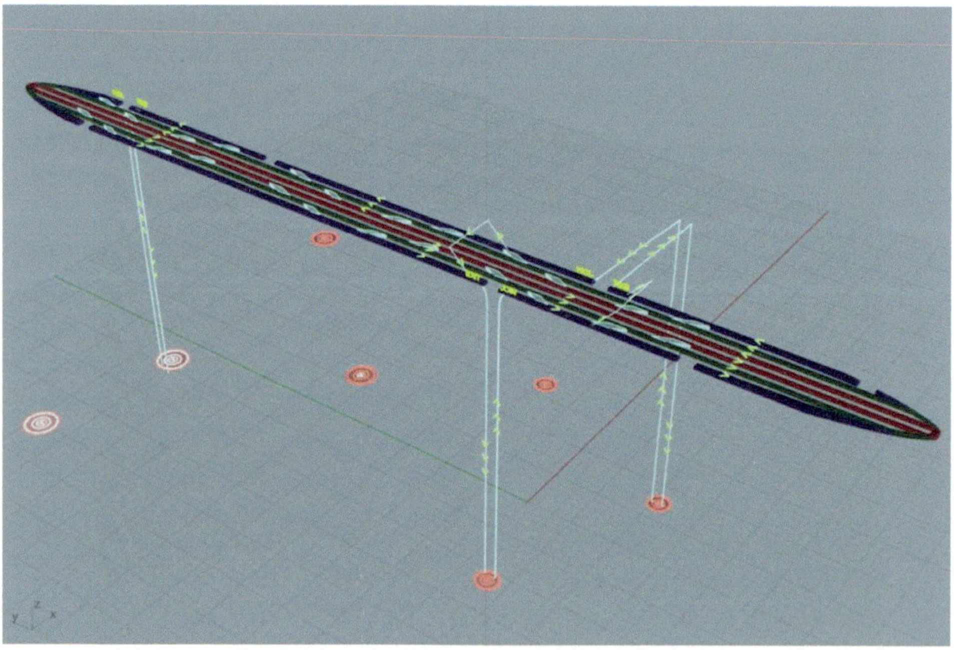

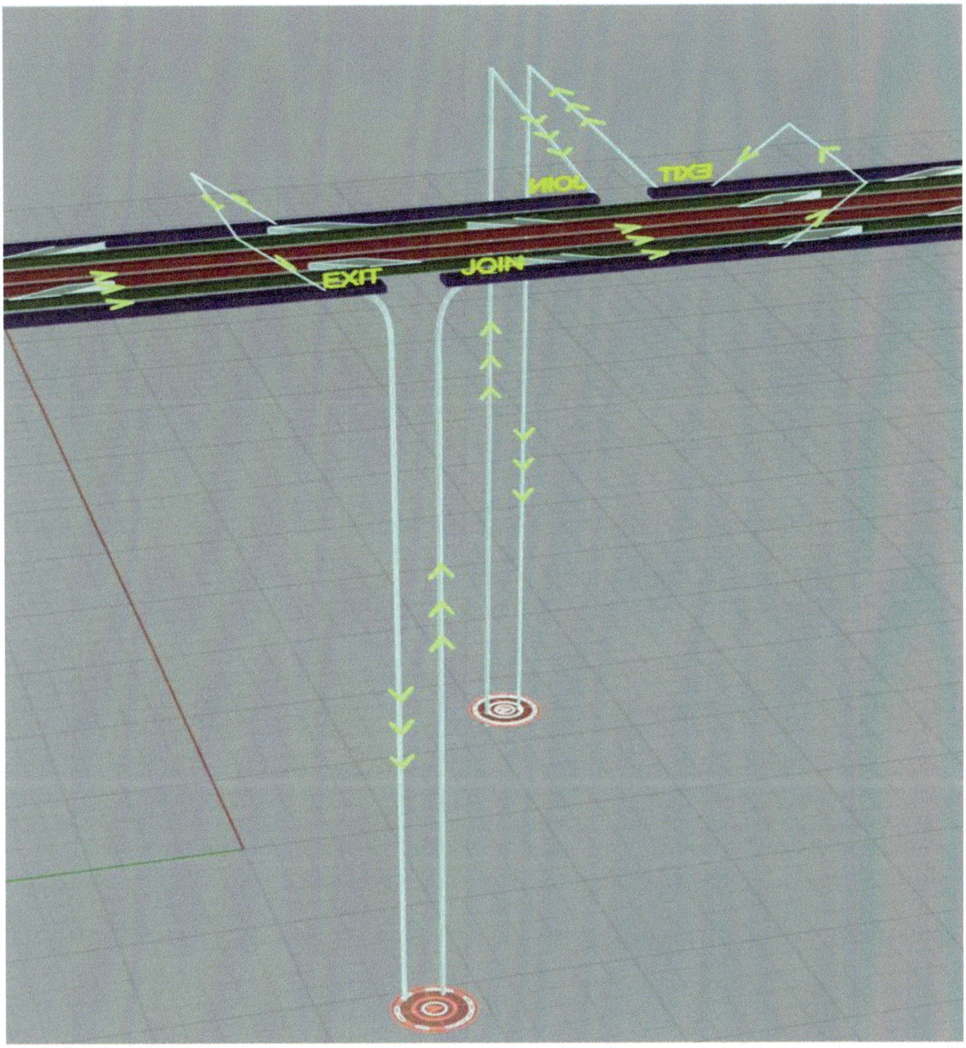
EXIT
JOIN
JOIN
EXIT

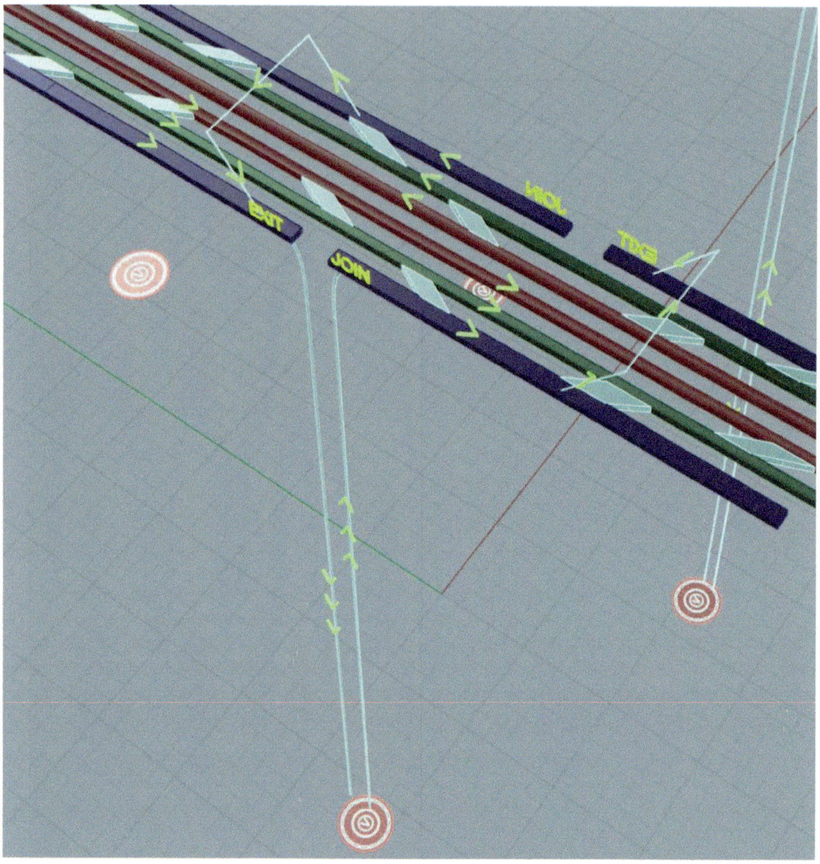
EXIT
JOIN

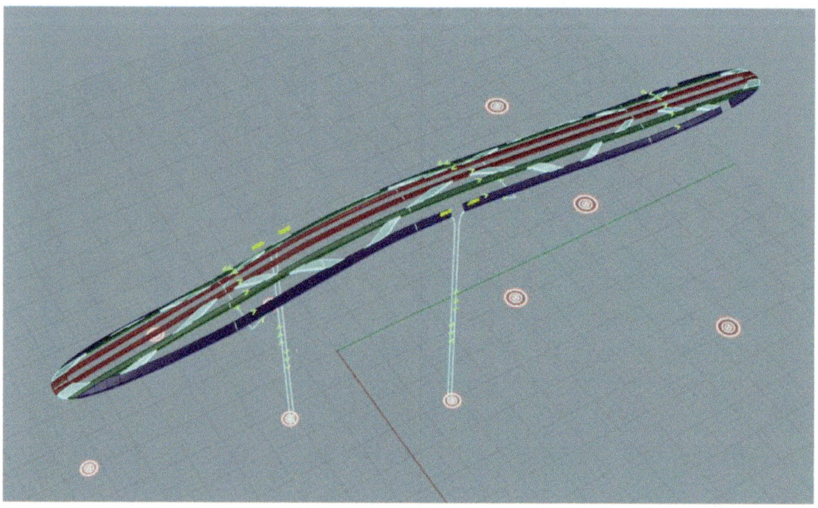

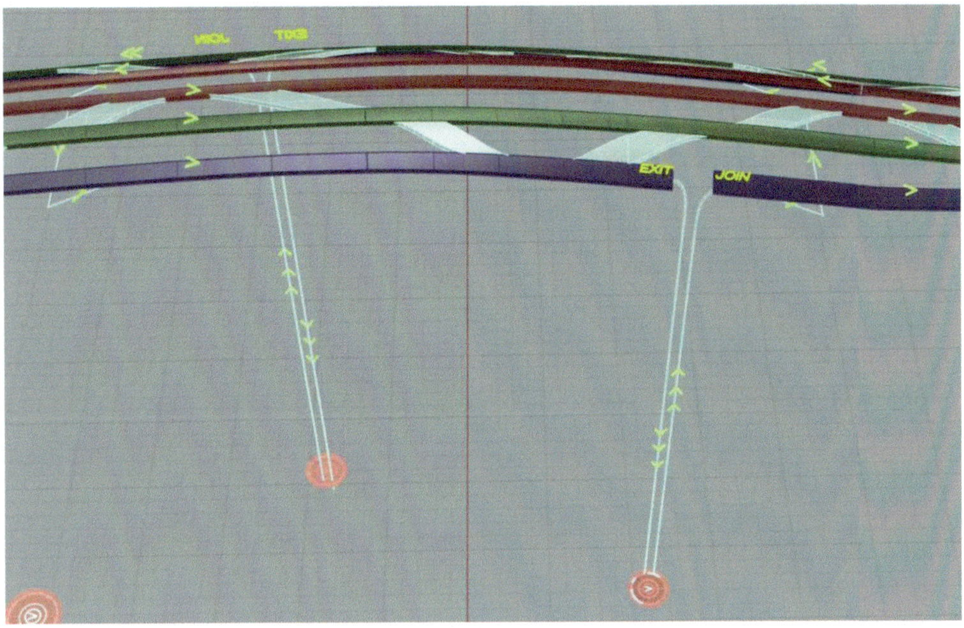
EXIT
JOIN

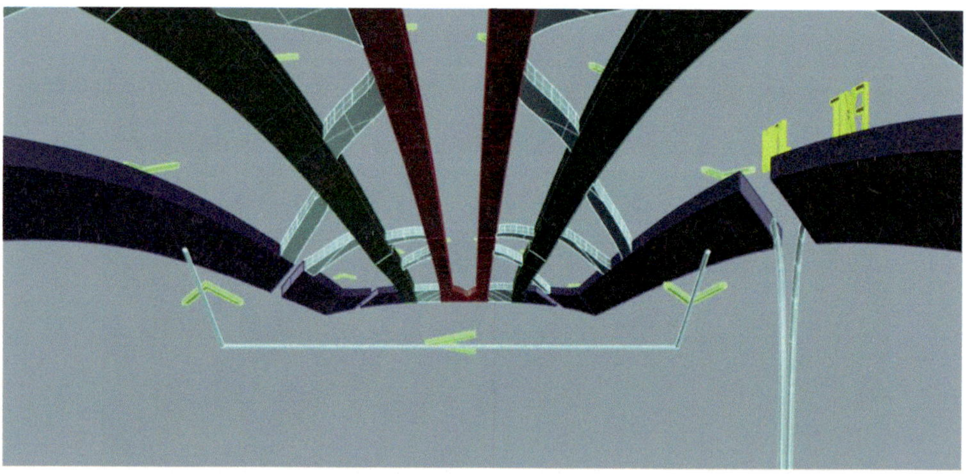

virtual lane track 개념의 수직적 staggered iteration은 코리도 내에 수평적 공간이 제한적일 때 이행될 수 있다. 또한, 각 activity region에서 "exit"과 "turn" 섹션은 홀딩 패턴으로 사용될 수도 있다.

(3) Design considerations for UAM operations using "Tracks"

안전, 보안, 소음, 대중적 수용성 등이 코리도 트랙의 기본을 형성한다. 먼저, 이러한 개념들이 어떻게 virtual lane track의 디자인 개념에 포함되었는지 간단하게 소개한다.

① Safety

승객, 운송품, 그리고 항공기의 안전은 모든 UAM virtual lane 시스템 디자인에서 가장 중요하다. 안전 확보를 위하여, virtual lane 시스템은 항공기 간의 적절한, 수직적, 횡적, 수평적 분리를 항상 확보하도록 한다. virtual lane 시스템은 비명목적 비행 조건과 필요한 우발 계획을 수용하는 능력을 갖추어야 한다.

Nominal Flight Conditions: Separation & Collision Avoidance

수평적 virtual lane track 작도에서 요구되는 분리 형태는 횡적, 수평적 분리이다. 횡적 분리는 가장 넓은 wingspan을 갖는 eVTOL 항공기가 적절한 날개끝-날개끝 분리 유지를 수용할 수 있도록 tracks/lanes를 설계하는 것이다. 수평적 분리는 항공기에 탑재된 충돌방지 소프트웨어와 조종사나 자동 시스템에 의해 준수되는 속도 제한에 의하여 확보된다.

Staggered virtual lane track 작도에서, 요구되는 분리의 주요 형태는 수평 분리와 수직 분리이다. 수직 분리는 저고도/lane 항공기의 꼭대기 부분과 고고도/lane 항공기 밑바닥 사이의 공간을 50피트로 준수함으로써 확보된다. 수평적 분리는, 항공기에 탑재된 충돌방지 소프트웨어와, 조종사나 자동 시스템에 의해 준수되는 속도 제한에 의하여 확보된다.

Non-Nominal Flight Conditions & Contingency Plans

비명목적(non-nominal) 비행 조건은 항공기 시스템 실패, 승객 비상 상황, 항공기가 비행계획대로 운항을 지속하여 완료할 수 없는 상황을 포함한다. 반면에, 우발 계획은 항공기와 승객의 안전을 위하여 수립된다.

수평적 virtual lane track 작도에서 비상 사건 발생 시에, 항공기는 즉각적으로 virtual lane/track으로부터 하강할 수 있도록 하는 한편, 운영자(조종자)는 조종사와 ATC와 함께 협업하여 문제를 평가하고, 항공기가 가장 가까운 착륙지점으로 향하도록 항로를 수정한다.

Staggered virtual lane track 작업에서 비상 사건 발생 시에, 항공기는 즉각적으로 우측으로 회전하여 virtual lane을 이탈하도록 하며, 한편으로 운영자는 조종사와 협업하여 문제를 평가하고, ATC는 항공기 항로를 변경하여 가장 가까운 착륙지점으로 향하게 한다.

② 소음

Joby aviation과 NASA가 1,640피트 고도에서 순항속도 100노트로 운항하는 테스트에서, Joby aviation 항공기는 45.2dBA의 소음을 기록했다. 이 소음 수준은 낮은 것이지만, 본 연구의 virtual lane 개념은 1,640피트보다 낮은 고도에서 복수의 항공기가 동시에 비행하는 상황도 고려하기 때문에, 기대되는 누적/결합적 소음 수준은 심각할 수도 있다. 소음 문제를 해결하기 위하여, 다음 표와 같은 고도와 공역 구분 권고안을 작성했다.

Altitude	Operations
0 - 400ft	UAS operations
0 - 500ft	Emergency services (police/fire/ambulance)
600 - 2500ft	UAM operations • Horizontal lane iteration: Altitude of lanes should be 330 -350ft above the average height of the tallest buildings. • Vertically staggered iteration: The lowest lanes in the stager should be 330 - 350ft above the average height of the tallest buildings in the area. The height of subsequent lanes above should be equivalent to the sum of 50ft + the height of the tallest eVTOL aircraft (to be determined as aircraft complete the certification process).

③ 보안/프라이버시(security and privacy)

완전한 성숙기에는, eVTOL 항공기가 자율 비행을 수행할 것이다. 자율 비행에는 센서와 카메라의 사용이 필요하다. 저고도 비행을 하는 항공기의 카메라 사용은 비행로를 따라 거주하거나 근무하는 사람들의 안전 문제를 유발한다. 고층 빌딩보다 상당히 높은 고도에서 virtual lane 시스템을 사용하면, 불량 항공기와 비상 상황 항공기의 식별이 쉬워진다. Virtual lane의 고도는 지상의 주거지와 항공기 사이에 충분한 공간을 부여할 수 있게 해야 한다.

④ Public acceptance & Giving cities control of their airspace

Virtual lane 시스템의 항로 설계에 지역사회가 참여하고, 청각적, 시각적 방해와 안전문제 등을 고려하여 고층 빌딩보다 상당히 높은 고도에 virtual lane을 설정함으로써, 일반 대중들의 UAM 이행 수용성을 증가시킬 수 있다. Virtual lane 시스템의 기대되는 장점은 UAM 운영자와 ATC의 업무 부하를 줄여주는 것이다. UAM 운영자, PSU, ATC의 예견되는 운영 활동은 다음과 같다:

UAM 운영자: 일상적인 정기운송과 주문형 운항을 수행하는 운영자는 광범위한 비행계획을 수립할 필요가 없다. 대신에, virtual lane 시스템에서 요구하는 것은 두 지점 간의 비행의도 확인뿐이다. 운영자는 비행로 정보, 코리도 상태, 비행 장애물, 사건보고와 같은 것들을 수신할 수 있을 것이다.

PSUs: PSUs는 코리도를 유지하고, virtual lane 시스템을 모니터하며, 정확한 최신정보가 공역 사용자들에게 항상 가용하도록 해야 할 책임이 있다.

ATC: ATC 기능은 PSUs에 의하여 수행되며, ATC와 PSU 간의 의사소통은 비상 상황과 공역정보 업데이트 교환에 국한된다.

4 결론

UAM의 운영적 개념은, UAM 항공기가 하나 또는 다수의 UAM 코리도를 경유함으로써, ATC의 전술적 분리 서비스도 필요하지 않고, 다른 공역 사용자들에게 분란을 일으키지 않으면서, 공항 간에 사람과 물건의 운송을 수행하는 것이다. UAM 커뮤니티와 관련 주체들은 운항이 만족스럽고 안전하도록 승인해 주는 FAA와 협력하여 운항 표준을 수립할 것이 기대된다. 조종사 탑승 없이 자율적으로 비행을 완료하는 것이 UAM의 목표이다. 이러한 목표를 달성하려면, 비행로와 교통관리 시스템이 고밀도 운항에서도 안전성을 확보하면서, 견고해야 한다.

본 연구의 비행로 개념에서는, 코리도와 track이 도심 지역에서 충분히 높은 고도를 유지해 소음과 보안 문제를 최소화했다. 코리도의 활용은 또한, 불량 항공기나 문제에 봉착한 항공기를 식별하기 쉽게 한다. Virtual lane 시스템을 활용하면, 정기운송이나 주문형 운항을 수행하는 운영자는 세세한 비행계획을 할 필요가 없고, 대신에 PSU가 두 지점 간의 비행 의도를 확인 요구할 것이다. PSU는 비행로 정보, 코리도 상태, 비행 장애물, 보고된 사건들 등을 운영자에게 보낸다. PSU는 코리도를 유지하고, virtual lane 시스템을 모니터링해야 할 책임이 있고, 정확하고 최신화된 정보가 공역 사용자들에게 가용하도록 해야 한다. PSU는 또한, 필요한 경우, 비상 서비스 항공기의 항로에 책임을 져야 할 것이다. 이 업무는, eVTOL 항공기가 다른 공역을 통과하면서 비상사태에 처하거나, 공역 트래픽을 업데이트하기 위하여 ATC를 접촉하도록 한다.

참고문헌

U-space ConOps and Architecture(edition 4), EUROCONTROL, 2023

ICAO, Unmanned Aircraft Traffic Management(UTM) - A Common Frame Work with Core Principles for Global Harmonization, Edition 3

EASA, Easy Access Rules for U-space, EASA Regulation, 2024

NASA, UAM Market Study, NASA, USA, 2018

FAA, Urban Air Mobility(UAM) Concept of Operation, 2023

Aleksandar Bauranov and Jasenka Rakas, Designing airspace for urban air mobility: A review of concepts and approaches, Progress in Aerospace Sciences, 125. 2021

FAA, Engineering Briefing #105, Vertiport Design, FAA, USA, 2022

Guidance for vertiport design, ADVISORY CIRCULAR, AC 139.V-01 v1.0, Australia, 2023

Concept of Operations: Autonomous UAM Aircraft Operations and Vertiport Integration Skyport and Wisk, 2022

Immanuel Bankole, Literature Review and Conceptual Design of UAM Corridor Virtual Lane System using "Tracks", Embry-Riddle Aeronautical University, 2023

한국항공우주연구원, 미래형 항공기(PAV: Personal Air Vehicle) 개발 선행연구 수행성과보고서, 지식경제부, 2010

한국교통연구원, 2021 교통기술혁신전망, 이슈페이퍼, 2021

Wikipedia, Urban Air Mobility, 2021년 4월 13일 검색

정부관계부처합동, "도심의 하늘을 여는 한국형도심항공교통로드맵", 2020

저자약력

유광의 박사(항공교통 전공)

- 한국항공대학교 명예교수
- (주)루다시스(항공교통 R&D 연구소) 전문위원
- 한국항공대학교 항공교통물류학부 정교수(1997~2021)

무인기 공역 운영개념과 도심항공교통

2025년 6월 5일 초판 1쇄 인쇄
2025년 6월 10일 초판 1쇄 발행

편역자 유광의
펴낸이 진성원
펴낸곳 (주)백산출판사
교　정 성인숙
본문디자인 오행복
표지디자인 오정은

등　록 2017년 5월 29일 제406-2017-000058호
주　소 경기도 파주시 회동길 370(백산빌딩 3층)
전　화 02-914-1621(代)
팩　스 031-955-9911
이메일 edit@ibaeksan.kr
홈페이지 www.ibaeksan.kr

ISBN 979-11-7385-029-5　93550
값 25,000원